VŨ Thụy Quang

Traitement des déchets d'élevage par la technique de Biogaz

VŨ Thụy Quang

Traitement des déchets d'élevage par la technique de Biogaz

Delta du Mékong - VietNam

Presses Académiques Francophones

Impressum / Mentions légales

Bibliografische Information der Deutschen Nationalbibliothek: Die Deutsche Nationalbibliothek verzeichnet diese Publikation in der Deutschen Nationalbibliografie; detaillierte bibliografische Daten sind im Internet über http://dnb.d-nb.de abrufbar.
Alle in diesem Buch genannten Marken und Produktnamen unterliegen warenzeichen-, marken- oder patentrechtlichem Schutz bzw. sind Warenzeichen oder eingetragene Warenzeichen der jeweiligen Inhaber. Die Wiedergabe von Marken, Produktnamen, Gebrauchsnamen, Handelsnamen, Warenbezeichnungen u.s.w. in diesem Werk berechtigt auch ohne besondere Kennzeichnung nicht zu der Annahme, dass solche Namen im Sinne der Warenzeichen- und Markenschutzgesetzgebung als frei zu betrachten wären und daher von jedermann benutzt werden dürften.

Information bibliographique publiée par la Deutsche Nationalbibliothek: La Deutsche Nationalbibliothek inscrit cette publication à la Deutsche Nationalbibliografie; des données bibliographiques détaillées sont disponibles sur internet à l'adresse http://dnb.d-nb.de.
Toutes marques et noms de produits mentionnés dans ce livre demeurent sous la protection des marques, des marques déposées et des brevets, et sont des marques ou des marques déposées de leurs détenteurs respectifs. L'utilisation des marques, noms de produits, noms communs, noms commerciaux, descriptions de produits, etc, même sans qu'ils soient mentionnés de façon particulière dans ce livre ne signifie en aucune façon que ces noms peuvent être utilisés sans restriction à l'égard de la législation pour la protection des marques et des marques déposées et pourraient donc être utilisés par quiconque.

Coverbild / Photo de couverture: www.ingimage.com

Verlag / Editeur:
Presses Académiques Francophones
ist ein Imprint der / est une marque déposée de
OmniScriptum GmbH & Co. KG
Heinrich-Böcking-Str. 6-8, 66121 Saarbrücken, Deutschland / Allemagne
Email: info@presses-academiques.com

Herstellung: siehe letzte Seite /
Impression: voir la dernière page
ISBN: 978-3-8416-3620-1

INTRODUCTION

Malgré la richesse naturelle du pays en eau (fleuves, rivières, lac, nappes souterraines) avec un long des hydrosystèmes: Mékong et Fleuve rouge, le Vietnam doit faire face à des problèmes majeurs liés à la qualité des eaux à cause des déchets.

Il y a beaucoup de types des déchets issus des activités humaines dont les déchets d'élevage; or 90% des vietnamiens vivent en zone rurale et le plus souvent leur élevage est constitué des animaux domestiques.

Au Vietnam, la protection du milieu aquatique est une préoccupation relativement nouvelle et d'actualité dans ce secteur. Les déchets des animaux, quelle que soit leur origine d'élevage, sont directement rejetés dans les milieux récepteurs (les cours d'eau, la rivière…), induisant de fortes pollutions organiques.

Les contaminations les plus fréquemment rencontrés sont des micro-organismes pathogènes et des substances dangereuses dans les effluents à cause des risques sur la santé humaine et sur les écosystèmes aquatiques.

En effet, la problématique des déchets d'élevage, sans aucun traitement au préalable, devient de plus en plus dommageable pour l'environnement.
Devant l'ampleur des risques potentiels de la pollution liés à problèmes de rejet d'élevage, il faut avoir les solutions adaptées qui préserve le milieu aquatique dans la condition du Vietnam. Ce sont l'application des procédés naturels (aérobie ou aérobie) comme le compostage, le lagunage, le sac de Biogaz, les bassins d'aquaculture… dont la diffusion est facile dans chacun famille rurale dans le delta du Mékong où les déjections animales ne sont pas trop élevées.

Dans ces solutions du traitement biologique en vue de limiter cette pollution, le traitement des déchets d'élevage par le sac de Biogaz semble le mieux adapté technique par plusieurs fonctions: traitement de la majorité de substances organiques, fourniment des gaz combustibles….

1

L'utilisation des Biogaz a été beaucoup plus avancée en Europe qu'en Amérique et toute particulière plus qu'en Asie.

Mais, pour d'évaluer les possibilités de diffusion de cette technique au Vietnam (les avantages ou les inconvénients), parallèlement, il est nécessaire de faire une étude expérimentale quant aux résultats scientifiques des caractéristiques de l'effluent concernant l'efficacité du traitement par le sac de Biogaz. C'est pourquoi, cet ouvrage d'étude a été réalisé.

Chapitre : ÉTUDE BIBLIOGRAPHIQUE

CARACTÉRISTIQUES DES EFFLUENTS D'ÉLEVAGE

Les effluents d'élevage comprennent deux phases, la phase liquide constituée par l'urine, les eaux de lavage et une fraction liquide des fèces, et la phase solide constituée par la fraction solide des fèces et des débris alimentaires.

Le mélange des deux phases constitue le lisier, qui est la forme la plus classique d'effluents d'élevage, contenant en général moins de 10% de matière sèche.

Proportion (%) des déchets d'élevage

Type d'animaux	Phase	Matière organique	N	P_2O_5
Bœuf	solide	18,0	0,3	0,2
	liquide	3,0	1,0	0,01
Porc	solide	16,0	0,6	0,5
	liquide	2,5	0,5	0,05

(*Sources* : TRƯƠNG Thanh Cảnh, 2001)

LES MICRO-ORGANISMES

La flore intestinale normale se retrouve dans les effluents; les micro-organismes qui la composent ne sont pas nécessairement pathogènes pour l'homme mais leur présence détectée dans une source d'eau indique une contamination fécale et invite à considérer la présence d'éventuels pathogènes.

Les germes fécaux non spécifiquement pathogènes peuvent être responsables chez l'humain, et plus particulièrement chez les sujets présentant le moins de défenses immunitaires (enfants, personnes âgées ou immunodéprimées), d'affections diverses suivant le mode de contamination. Lorsqu'une contamination par des germes ayant un pouvoir pathogène spécifique est diagnostiqué, il est important que les services de santé publique soient alertés, afin d'investiguer la source de la contamination et d'être à même de protéger la population.

La plus grande part des micro-organismes pathogènes contenus dans les eaux usées est transportée par les matières organiques qui favorisent également leur survie. Les particules en suspension, plus lourdes que l'eau, sont éliminées par décantation, permettant ainsi la réduction de la charge organique des eaux usées et de la teneur en germes pathogènes. En l'absence de décantation, l'accumulation excessive de matières en suspension peut entraîner des difficultés de transport et de distribution des effluents.

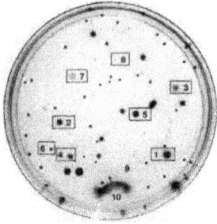

Figure: Bactéries *Coliformes*

LES MATIÈRES ORGANIQUES

La matière organique contenue dans le lisier se mesure par la demande chimique en oxygène (DCO). Cette mesure correspond à la quantité d'oxygène nécessaire à l'oxydation des substances oxydables contenues dans l'eau, à l'aide d'un oxydant donné.

Cela représente également une quantité d'énergie valorisable. Du fait de l'importante consommation d'oxygène pour la dégradation de la matière organique, il existe un risque d'eutrophisation des cours d'eau.

La décomposition de la matière organique conduit à la formation d'éléments fertilisants, azote (N), phosphore (P), dans des proportions qui ne correspondent pas toujours aux besoins des cultures, d'où la nécessité de procéder à une correction.

LES ÉLEMENTS MINÉRAUX

L'azote (N)

L'azote représente un risque potentiel pour l'environnement. Dans la phase liquide, l'azote se retrouve sous forme organique, de nitrate (NO_3^-) et d'ion d'ammonium (NH_4^+).

L'azote ammoniacal représente 60 à 75% de l'azote total du lisier et, du fait de sa solubilité, il est bien réparti dans le lisier. Lors de la transformation de l'azote, une partie de celui-ci est transformé en protoxyde d'azote qui est un gaz à effet de serre et de gaz d'ammoniac qui est acidifiant. Par ailleurs, le lisier sédimente dans la cuve (ou le sac) de biogaz et la teneur en azote est plus élevée au fond.

Après un épandage de lisier sur une parcelle cultivée, l'azote minéral est essentiellement absorbé par les plantes; cependant, il existe un risque de perte par volatilisation, dénitrification et lessivage. L'équivalent engrais varie en fonction de la période d'épandage, des cultures et de la régularité des apports.

L'ammoniaque et les nitrates peuvent représenter un risque important pour la faune aquatique et la population environnante. Lorsque par lessivage la concentration en nitrates (NO_3^-) dans la nappe phréatique atteinte 50 mg/l, l'eau n'est plus considérée potable. L'ammonium (NH_4^+) est acidificateur et, lorsque sa concentration excède 0,2 mg/l, il peut provoquer la mortalité des poissons. Lorsque la concentration en nitrate atteint 10 mg/l, l'eau n'est plus recommandable pour la consommation humaine. Il existe également des effets toxiques des matières azotées sur les plantes. (*BÉBIN J., 2000*)

Le Phosphore (P)

Le phosphore est principalement contenu dans la phase solide du lisier, où il se trouve environ à 80% sous forme minérale, ce qui permet une utilisation rapide par les plantes avec un équivalent engrais. Dans le sol, le phosphore introduit en excès est dans un premier temps réorganisé, sous forme de fraction minérale ou sous forme organique; le phosphore ainsi fixé n'est plus disponible pour les plantes et risque de passer dans les cours d'eau par érosion. Lorsque l'apport de phosphore dépasse la capacité de rétention du sol, celui est lessivé et son accumulation dans les cours d'eau induit leur eutrophisation en stimulant la prolifération d'algues cyanophycées.

Photo: L'eutrophisation (à cause d'excès de nutriments N, P)

Autres éléments minéraux

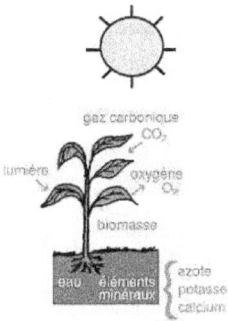

Les autres éléments minéraux apportés par les lisiers sont:

- Le magnésium et le calcium qui, dans le lisier, atteignent rarement des concentrations telles qu'ils représentent un danger pour l'environnement; de plus leur disponibilité pour les plantes est bonne.

Figure: Les plantes absorbent un part des éléments minéraux dans les lisiers

- Les oligo-éléments présents en quantité variables seraient bien absorbés par les plantes, bien que cela semble difficile à mettre en évidence. Il existe une toxicité pour des éléments tels que le zinc et le cuivre dans des zones recevant des quantités excessives. Le seuil de phyto-toxicité est évalué à 120 mg/mg de terre pour le cuivre et le zinc.

- Les métaux lourds, tels que le cadmium, le plomb, l'arsenic et le mercure, peuvent être présents dans les lisiers et sont connus pour leur toxicité. Les avis divergent; pour certains, leur concentration semble trop faible pour représenter un risque tangible pour l'environnement, alors que pour d'autres, c'est la teneur en Cadmium qui détermine le rythme des épandages.

Les lisiers des animaux présentent donc à la fois des dangers pour l'environnement.

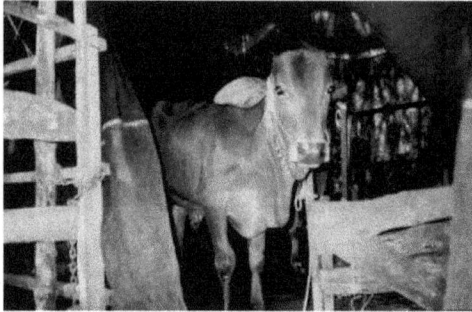

Photo: Les bœufs qui rejètent des déchets.

Quelle est une bonne solution pour traiter des effluents d'élevage?

PRINCIPAUX POLLUANTS ÉMIS PAR L'ÉLEVAGE

Les émissions de composés polluants ont principalement été étudiées dans des élevages sur caillebotis. C'est donc pour ce type de bâtiments que les émissions seront détaillées. Les mécanismes décrits en infra sont cependant également applicables aux élevages sur litières qui font actuellement l'objet de diverses études.

Le fumier, par les virus, parasites pathogènes et bactéries comme le Coliforme, présents de façon naturelle dans l'intestin de certaines espèces animales, peut être dangereux à différents niveaux pour l'être humain, par contact ou par ingestion de l'eau contaminée. D'autres sources microbiennes existent, comme les animaux morts laissés près des cours d'eau, éliminés ou enterrés de façons inappropriées.

Une faible quantité de fumier peut facilement contaminer une grande quantité d'eau potable, étant donné que les bactéries peuvent proliférer très rapidement dans l'eau, avec des conditions de température favorable. Les virus ne se développent pas dans l'eau mais certains peuvent résister aux systèmes de désinfection de l'eau potable. Des normes existent pour déterminer la qualité de l'eau potable et de baignade qui est mesurée à partir des coliformes fécaux. Lorsqu'il y a des coliformes présents dans un échantillon d'eau

6

contaminée, ils indiquent la présence d'autres agents pathogènes infectieux. Notons que pour l'eau potable, il doit y avoir absence de coliforme pour permettre la consommation.

Les problèmes rencontrés sont souvent après des précipitations abondantes où les effluents traversent des zones où il y a eu épandage de lisier. Les usages récréatifs sont ainsi grandement limités et souvent perdus dans les plans d'eau traversant les zones d'élevages intensifs.

L'AMMONIAC NH_3

L'ammoniac est le gaz polluant le plus présent dans une exploitation d'élevage. Il peut pénétrer dans le tractus respiratoire et poser des problèmes pulmonaires aux animaux.

La formation de l'ammoniac résulte principalement de la dégradation de l'urée présente dans l'urine.

L'hydrolyse de l'urée est catalysée par l'uréase, enzyme produit par des micro-organismes contenus dans les fèces:

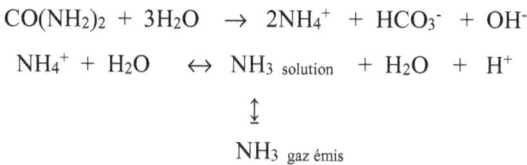

$$CO(NH_2)_2 + 3H_2O \rightarrow 2NH_4^+ + HCO_3^- + OH^-$$

$$NH_4^+ + H_2O \leftrightarrow NH_{3\ solution} + H_2O + H^+$$

$$\updownarrow$$

$$NH_{3\ gaz\ émis}$$

Les émissions d'ammoniac se produisent dès la formation d'azote ammoniacal sur les caillebotis ou dans les aires de stabulation. Le processus de volatilisation de l'ammoniac peut être considéré comme un transfert de l'ammoniac gazeux (NH_3) dans l'atmosphère immédiate à partir de l'ammoniac présent dans les phases liquide et gazeuse du lisier.

Les effets négatifs directs des émissions atmosphériques d'ammoniac, outre les problèmes d'ambiance interne, peuvent survenir très localement sur des plantes exposées à de très fortes doses subissant ainsi un déséquilibre nutritionnel.

L'effet négatif indirect des émissions atmosphériques d'ammoniac est principalement l'acidification de l'atmosphère. Dans l'atmosphère, l'ammoniac réagit avec l'oxygène ou d'autres polluants primaires pour former des radicaux acides:

$$NH_4^+ + 2O_2 \rightarrow NO_3^- + H_2O + 2H^+$$

Ces radicaux retombent entraînés par les précipitations (on parle alors de pluies acides), ou sous forme de dépôts acides secs. L'acidification du sol qui en résulte est néfaste à la fois aux racines, aux plantes. Les dépôts sur les terres de culture représentent 5 à 10 mg N/ha et par an en moyenne, avec de fortes variations à proximité directe des bâtiments d'élevage.

Le niveau d'émission dépend principalement de cinq facteurs: la composition des excréments, le pH, la température, le circuit de l'air dans les bâtiments et la surface de contact air-lisier.

La composition des excréments varie en fonction de la composition des aliments en protéines et de la capacité de l'animal à les assimiler. La composition des effluents dépend du taux de conversion de l'azote contenu dans l'alimentation en azote contenu dans la viande et donc indirectement de l'âge des animaux, de leur poids ainsi que de leur race. L'azote fécal se présente sous forme de protéines végétales non digérées et de protéines bactériennes. L'azote urinaire provient de la transformation en urée des acides aminés sanguins non utilisés par l'organisme. C'est principalement l'urée qui est responsable du dégagement d'ammoniac; en effet le taux d'émission d'ammoniac est linéairement proportionnel à la teneur en urée.

Le pH: en phase aqueuse, l'ammoniac en solution (NH_3) et l'ammonium (NH_4^+) sont en équilibre. Si le pH est élevé, la forme ammoniac prédomine. Or, l'hydrolyse de l'urée qui commence immédiatement sur le sol, provoque une hausse de pH et entraîne des émissions de NH_3.

La température influence

– le coefficient de dissociation NH_4^+-NH_3: $7{,}3.10^{-10}$ à 0°C et $5{,}3.10^{-10}$ à 50°C.

– la diffusion, qui est proportionnelle à la température.

– l'activité des bactéries à l'origine de la décomposition de l'urée par l'uréase, qui est positivement corrélée à la température jusqu'à une température d'inactivation. (*FREDERIC Sylvain, 2002*)

Le circuit de l'air dans les bâtiments: à même débit de ventilation, une extraction forcée de l'air sous les caillebotis assainit l'ambiance intérieure mais induit un courant d'air à la surface du lisier et est défavorable au niveau environnemental.

La surface de contact air–lisier: lorsque les déjections sont récoltées sous forme de lisier et stockées sous les animaux dans des fosses, l'émission est proportionnelle à la surface de contact air–lisier. Notons que la hauteur de lisier dans ces fosses ne joue qu'un rôle accessoire.

LE PROTOXYDE D'AZOTE N_2O

La formation du protoxyde d'azote a lieu au cours du processus de nitrification–dénitrification qui se produit lors du stockage et/ou du traitement de l'effluent.

La nitrification est la conversion de l'ammonium en nitrate par des bactéries spécialisées. Cette conversion se fait le plus généralement en deux étapes (nitrification autotrophe).

Dans la première étape, l'ammonium est oxydé en nitrite par des bactéries dites nitreuses (*Nitrosomonas*).

Ces bactéries réalisent une réaction d'oxydation qui leur fournit l'énergie utilisée pour la croissance (assimilation du carbone par réduction du CO_2):

oxydation de l'ammonium:

$$NH_4^+ \; + \; 3/2O_2 \; \rightarrow \; NO_2^- \; + \; H_2O \; + \; 2H^+$$

et réduction du CO_2:

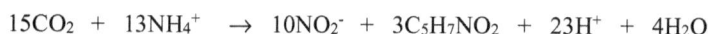

$$15CO_2 \; + \; 13NH_4^+ \; \rightarrow \; 10NO_2^- \; + \; 3C_5H_7NO_2 \; + \; 23H^+ \; + \; 4H_2O$$

Ensuite, dans la seconde étape, le nitrite est oxydé en nitrate par des bactéries dites nitriques (*Nitrobacter*):

$$NO_2^- \; + \; 1/2O_2 \; \rightarrow \; NO_3^-$$

et croissance des bactéries

$$5CO_2 \; + \; NH_4^+ \; + \; 10NO_2^- \; + \; 2H_2O \; \rightarrow \; 10NO_3^- \; + \; C_5H_7NO_2 \; + \; H^+$$

La nitrification autotrophe ne peut se faire qu'en présence d'oxygène. La transformation d'un mg de NH_4^+ en NO_3^- demande 4,57 mg O_2.

La dénitrification est la conversion du nitrate en azote moléculaire (N_2). Le nitrate est un accepteur d'électrons et le donneur d'électrons est la matière organique.

Dans les équations qui suivent, on a recours au méthanol comme matière organique (d'après *CHASLERIE Thibaut, 2001-2002*):

réduction du nitrate en nitrite

$$3NO_3^- \; + \; CH_3OH \; \rightarrow \; 3NO_2^- \; + \; 2H_2O \; + \; CO_2$$

réduction du nitrite en azote moléculaire

$$2NO_2^- \; + \; CH_3OH \; \rightarrow \; N_2 \; + \; H_2O \; + \; CO_2 \; + \; 2OH^-$$

et croissance des bactéries

$$14CH_3OH \; + \; 3NO_3^- \; + \; 4H_2CO_3 \; \rightarrow \; 3C_5H_7NO_2 \; + \; 20H_2O \; + \; 3HCO_3^-$$

Les bactéries capables de produire de l'énergie par réduction du nitrate sont généralement aussi capables de le faire au départ d'oxygène. Quand les deux composés sont disponibles, seul l'oxygène est réduit car cette réaction offre un rendement énergétique plus important. La dénitrification ne peut donc se produire qu'en anaérobiose.

Deux mécanismes peuvent expliquer les émissions de N_2O au niveau du stockage ou du traitement des effluents. Le premier est l'inhibition de la nitrification par manque d'oxygène et/ou l'accumulation du nitrite.

Dans ces conditions, les bactéries autotrophes sont capables de réduire le nitrite (NO_2^-) en N_2O afin de palier au manque d'oxygène et à l'accumulation toxique du nitrite. Le second est l'inhibition partielle de la dénitrification par la présence d'oxygène dissous et/ou le manque de carbone assimilable. Dans ce cas, la dénitrification est incomplète et s'arrête à l'étape N_2O.

Les deux processus peuvent être à l'origine des émissions de N_2O, on montre que la nitrification est la principale cause de l'émission.

Effet: le protoxyde d'azote est un gaz à effet de serre qui absorbe 290 fois plus de chaleur que le CO_2 sur une durée de 100 ans. Il a une durée de vie de plus de 150 ans dans l'atmosphère et participe à la dégradation de la couche d'ozone.

Le niveau d'émission dépend principalement de deux facteurs: la concentration en carbone assimilable et la stratégie de stockage du lisier.

– Une concentration en carbone assimilable trop faible ne permet pas d'obtenir une dénitrification et ceci conduit à une accumulation de nitrites, une oxydation incomplète de l'ammonium et une élimination atmosphérique de l'azote principalement sous forme de N_2O. Un tel lisier, une fois stocké, subira du fait de l'accumulation des nitrites une dénitrification incomplète qui conduira-t-elle aussi à une émission de N_2O.

– Toute stratégie de stockage privilégiant la nitrification par rapport à la dénitrification conduit à l'émission de N_2O. La stratégie porte sur la concentration en oxygène dissous, le temps d'aération ou de stockage.

LE MÉTHANE CH_4

Formation: les émissions de méthane liées aux activités d'élevage ont deux origines. D'une part, le méthane entérique (produit par la digestion de la cellulose chez les ruminants) et d'autre part, le méthane produit par la fermentation anaérobie des déjections animales.

La biomasse fraîche subit en milieu anaérobie une phase de liquéfaction et de solubilisation. Elle est ensuite transformée en acides organiques et autres composés intermédiaires dans une phase d'acidogenèse. Cette phase est suivie de la méthanogenèse qui conduit à la production d'un gaz composé de CH_4 et de CO_2.

Effet: le méthane est un gaz à effet de serre qui absorbe 21 fois plus de chaleur que le CO_2 sur une durée de 100 ans.

Le niveau d'émission est principalement fonction de quatre paramètres.

– Le mode de gestion des déjections: en mode aérobie (aération, épandage sur les terres, etc.), la production de méthane est de 70 à 80% inférieure à la production de méthane en conditions anaérobies (lagunage, stockage en fosses, etc.).

– Le renouvellement d'air: si l'air est renouvelé tous les 2 ou 3 jours, au-dessus du lisier (ventilation dynamique, lisier sous les animaux), on observe un abattement important de la charge carbonée dans le lisier (la part de méthane dans les émissions carbonées totales varie entre 30 et 60%). En stockage fermé, la teneur en méthane de l'air situé au-dessus du lisier augmente pour atteindre une pression d'équilibre, les émissions sont globalement plus faibles.

- Le type de lisier: un lisier brut dégage de 16 à 47 g de méthane par mètre cube et par jour, ce qui correspond à 18,9% de sa charge carbonée. Il en va de même pour un lisier préalablement tamisé. Enfin, un lisier qui a été aéré avant le stockage émet sous forme de méthane 3,4% du carbone qu'il contient.

- La température: il faut souligne l'importance de la température qui est positivement corrélée aux émissions, et celle des variations saisonnières.

AZOTE MOLÉCULAIRE

Les dégagements d'azote moléculaire résultent de la dénitrification exposée ci-dessus. Cette molécule n'est pas considérée comme une substance polluante.

Cependant son émission vers l'atmosphère peut être considérée comme une perte d'élément nutritif pour les plantes. Ces éléments doivent être remplacés par des engrais chimiques synthétisés à partir de l'azote atmosphérique. Cette synthèse étant très énergie, synthétisé sous forme d'urée, il s'agit d'une perte globale pour le système animal–sol–plante.

VALORISATION DU LISIER

ÉPANDAGE DU LISIER

L'épandage du lisier frais, c'est-à-dire après quelques mois de stockage, est réalisé après la vidange des cuves par la plupart des éleveurs disposant de ce type d'installation.

On pourrait faire une distinction en fonction du temps de stockage du lisier, mais dans les conditions actuelles, il semble peu probable que l'épandage instantané après recueil des effluents ait lieu.

Étant donné que le lisier frais conserve un statut bactériologique et une teneur en nitrates potentiellement dangereuses et que l'adjonction de matières organiques en excès peut-être préjudiciable à la plante, il est important que le plan d'épandage se fasse rationnellement.

L'épandage doit toujours avoir lieu sur une terre cultivée, suffisamment distante de la nappe (pas d'épandage au niveau des tarodières ni près de la zone littorale) et des habitations en raison des nuisances olfactives. La pente du terrain ne doit pas excéder 6%.

Il faut également éviter l'épandage par temps pluvieux, afin de réduire les risques de ruissellement.

Le calcul des quantités à épandre par sur une surface éligible à recevoir du lisier frais est du ressort de spécialistes agronomes et se base sur les étapes suivantes :

+ calcul des besoins minéraux des plantes en fonction de la récolte prévue,

+ disponible dans le sol et dans le lisier,

+ calcul de la quantité de lisier à apporter et des éventuels amendements,

+ vérification du pouvoir fixateur du sol, de l'accumulation de métaux lourds et calcul du nombre d'épandages possibles dans la parcelle.

De nombreuses études montrent que l'épandage de lisier frais n'est pas la forme la plus efficace de valorisation agronomique du lisier.

LE COMPOSTAGE

Le compostage est un procédé micro-biologique qui se fait en deux phases. La première est la décomposition de la matière organique par fermentation aérobie, la deuxième est une phase de maturation.

C'est une transformation biologique à basse température des fractions organiques, aérobie (*compostage*) ou anaérobie (*méthanisation*). Les deux donnent un produit qui peut servir, tel quel ou en mélange avec d'autres produits, d'amendement organique, de support de végétation ou d'engrais.

Le compostage libère dans l'atmosphère sous forme de gaz carbonique une partie du carbone organique (et dégage, s'il est mal conduit, une forte odeur désagréable).

Les avantages du compostage sont les suivants:

+ il détruit par la chaleur les organismes pathogènes,

+ il permet une meilleure intégration des éléments fertilisants à la terre,

+ il réduit considérablement les coûts d'entreposage, de transport et d'épandage par réduction du volume,

+ il élimine complètement les odeurs,

+ en fixant une partie de l'ammoniaque et du phosphore, le compostage réduit les pertes par lessivage des éléments fertilisants,

+ il détruit en grande partie les graines de mauvaises herbes.

Les principaux inconvénients du compostage sont:

+ la perte d'azote ammoniacal, qui peut représenter 30 à 80% de l'azote total

+ le besoin de main-d'œuvre additionnelle

+ le risque de lixiviation, si le procédé de compostage a lieu directement sur le sol

+ l'azote retenu dans le compost étant sous forme organique, est moins disponible pour les cultures.

Les techniques de compostage varient et il y a peu de références sur le compost des animaux en milieu tropical.

La température extérieure n'est pas un facteur limitant en région tropicale, et le compost peut-être produit tout au long de l'année.

Le taux d'humidité du compost doit rester entre 40 et 50 % et il est nécessaire d'humidifier et d'homogénéiser le compost régulièrement.

Il est toujours nécessaire d'apporter une source de carbone dans des proportions telles qu'il doit y avoir entre 15 et 30 fois plus de carbone que d'azote; or, dans la plupart des lisiers de bœuf, il est de 7. Il y a donc nécessité de corriger ce rapport par l'adjonction de fibres organiques. Il faut rechercher une source de carbone gratuite et facilement accessible. Des essais pourraient être tentés avec les feuilles d'arbre à pain qui sont particulièrement abondantes sur le sol et dont la collecte est aisée; il resterait à déterminer comment les broyer avec le minimum de travail supplémentaire.

Le rapport C:N des feuilles varie entre 40:1 (fraîche) et 60:1 (sèche) en considérant une valeur moyenne, on aboutit à un mélange à part égales.

Les particules ajoutées doivent être fines pour faciliter la digestion microbienne et favoriser l'aération du compost. L'aération peut aussi se faire à l'aide d'un substrat comme de la sciure de bois.

Le temps de compostage varie de 4 à 8 semaines en fonction des conditions. Pour connaître la durée avec précision, il est nécessaire de mettre en place des essais avec des analyses régulières du compost (température, humidité, pH, N, P, K). Grâce à l'habitude, on peut reconnaître un bon compost au toucher et à l'odorat. (*BERNET Nicolas, DELGENÈS Jean-Philippe et MOLETTA René, 2000*)

Photo: Le compostage

Le compost réalisé en plein air doit se situer à plus de 2 mètres de distance de la nappe phréatique; cette contrainte peut-être levée en réalisant le compost à l'abri de la pluie et sur un sol aménagé. Dans tous les cas, il est important que le sol présente une pente de 2 à 4%. En étalant les tas de compost parallèlement à la pente, on diminue l'accumulation de l'humidité dans la partie basse. Les écoulements du compost devraient être récupérés et traités.

Les conditions d'utilisation du compost diffèrent peu de celle du lisier frais. Les odeurs étant moins fortes, celui-ci est utilisable à proximité des habitations, à condition toutefois de respecter la distance par rapport à la nappe.

Les quantités à épandre se calculent selon les mêmes méthodes que précédemment.

PROCÉDÉS DE LAGUNAGE

Il existe deux types de procédés de lagunage, le premier est par aérobie et le second est par anaérobie. Les lagons aérobies requièrent des systèmes d'aération dont le coût de construction est très élevé et la maintenance complexe.

Dans les deux cas, les matières organiques du lisier sont dégradées et la plupart des éléments pathogènes détruits. Le liquide résultant de ces transformations peut être valorisé sur le plan agronomique (d'après *Programme d'Action Européen pour l'Environnement 2001-2010*).

Photo: Système du lagunage roselière

Ces procédés nécessitent la construction de bassins étanches et de grandes dimensions dans des conditions de non vulnérabilité de la nappe qui sont peu présentes. Si néanmoins de gros éleveurs s'avèrent intéressés, une documentation est disponible auprès d'instituts techniques élevages.

BASSINS D'AQUACULTURE

L'utilisation des effluents d'élevage pour l'aquaculture est pratique commune en Vietnam où l'on trouve fréquemment des élevages de bœufs. Ce type d'aménagement existe où il a montré son efficacité. Généralement ces procédés font partie d'un ensemble de production et de gestion des effluents intégrés. Cependant, les contraintes techniques sont importantes.

Photo: Les poissons à SaDec

L'apport d'effluents ne couvre pas les besoins des poissons mais permet d'apporter un bon complément.

Le risque de pollution souterraine doit être maîtrisé par la construction de bassins parfaitement étanches, or ceux-ci doivent être d'assez grand volume (>50m^3) et cela représente des travaux d'aménagements considérables.

Le risque d'eutrophisation des bassins dû à l'apport excessif de phosphore est constant et des analyses doivent être faites régulièrement afin de contrôler l'apport minéral.

Le risque de contamination humaine par des pathogènes véhiculés par les poissons est grand et les produits de cette aquaculture sont plutôt destinés à l'alimentation animale sous forme de complément protéique pour les bœufs (comme la farine animale) ou sous forme d'appâts pour la pêche.

Si des éleveurs sont intéressés et disposent de suffisamment d'espace dans une zone éligible il est possible de leur faire parvenir une documentation technique.

LE BIOGAZ

Le biogaz est un gaz combustible mélange de gaz carbonique et de méthane qui provient de la dégradation des matières organiques mortes, végétales ou animales, dans un milieu en raréfaction d'air (dit "fermentation anaérobie"). Cette fermentation est le résultat de l'activité microbienne naturelle ou contrôlée. C'est également un gaz riche en méthane, mais qui comporte des éléments difficiles à traiter, notamment les organes halogénés (chlore et fluor) provenant de la décomposition des plastiques et de la présence de déchets toxiques (la lessive, piles ...).

Le biogaz est produit à partir de la fermentation. Il existe donc plusieurs sources possibles d'émission avec chacune leurs caractéristiques:

- les boues de stations d'épuration. Le biogaz provient des matières organiques contenues dans les eaux. C'est un gaz riche en méthane, en hydrogène sulfuré, mais aussi en métaux lourds, provenant du recueil des eaux polluées par le lessivage des routes par la pluie
- le biogaz industriel ou agricole (des industries agro-alimentaires, du lisier de bœuf...).
- le biogaz des unités spécifiques de méthanisation liée au compostage. Normalement, il n'y a pas de biogaz en cas de compostage, puisque ce dernier nécessite, au contraire de la méthanisation, un traitement avec apport d'air. Mais il existe aujourd'hui des procédés mixtes qui permettent de produire à la fois de l'amendement organique et du biogaz.

- le biogaz de décharge. Les décharges produisent spontanément du biogaz car les déchets fermentescibles y sont régulièrement déposés. L'émission peut durer plusieurs dizaines d'années, d'abord à un rythme croissant, puis décroissant. Le processus peut être accéléré en humidifiant la matière, auquel cas le potentiel de production peut être récupéré entre 5 ou 10 ans.

La composition du Biogaz

Biogaz	Pourcentage (%)
Méthane (CH4)	40 - 70 %
Gaz carbonique (CO2)	30 - 60 %
Oxycarbonique (CO)	6 %
Oxygène (O2)	0.1 %
Nitrogène (N2)	0.5 %
Hydrogène sulfuré (H2S)	0.1 %

(*DÉGRE Aurore, 2002*)

Il s'agit donc d'un gaz naturel relativement toxique (lié notamment à la décomposition des plastiques, des lessives...). Le gaz carbonique, et surtout le méthane (qui a un effet 35 fois plus toxique que le gaz carbonique) contribuent notamment à l'effet de serre. Ils doivent être au maximum éliminé. Ce gaz, relativement toxique quand il se dégage spontanément, peut néanmoins être utilisé comme source d'énergie.

Les principaux gaz, qui ont un intérêt en santé publique, sont d'abord l'ammoniac (NH_3) et le sulfure d'hydrogène (H_2S) et dans une moindre mesure, le monoxyde de carbone (CO) et le méthane (CH_4). Quant au H_2S, les concentrations rapportées à l'intérieur des bœufs varient de non détectable à 1,4 mg/l, les limites acceptables en milieu de travail étant fixées entre 5 et 20 mg/l (selon la durée d'exposition et l'organisme réglementaire).

À des concentrations excessives, on peut noter que le H_2S peut causer une irritation des yeux et des voies respiratoires. Il faut également noter une intoxication possible aux gaz de fumier, survenant principalement lors d'activités de nettoyage dans les préfosses à lisier, habituellement situées sous le bâtiment d'élevage. L'H_2S est le gaz le plus souvent responsable de ces intoxications parce que, dans un tel milieu fermé, il peut atteindre des concentrations importantes. Le CH_4 et le NH_3 sont également des gaz qui peuvent s'accumuler en concentrations létales dans les préfosses ou les lieux clos. La moitié des intoxications importantes aux gaz de fumier sont mortelles

Le biogaz repose sur une digestion anaérobie du lisier qui prend place dans une cuve à fermentation appelée "biodigester". Cette technique connaît un regain d'intérêt dans les pays occidentaux, mais elle est connue et maîtrisée depuis des siècles en Inde et en Asie du Sud-Est où elle sert au recyclage des effluents domestiques et d'élevage.

De nombreux modèles de biodigesters existent dans le commerce qui diffèrent par leur capacité, leur entretien, leur prix. Le principe général de fonctionnement est cependant toujours le même.

La méthanisation s'opère en milieu fermé et transforme une partie du carbone en méthane ce qui forme le biogaz, gaz combustible qui peut avoir plusieurs destinations: production de chaleur après épuration dans le réseau de gaz (sous réserve que le produit ne soit ni corrosif ni toxique).

L'avenir de ces techniques dépend de l'usage qui sera fait des composts ou digestats qu'elles génèrent, sujet sensible aujourd'hui. Il dépend aussi de ce que décideront les agriculteurs. (*CHASLERIE Thibaut, 2001-2002*)

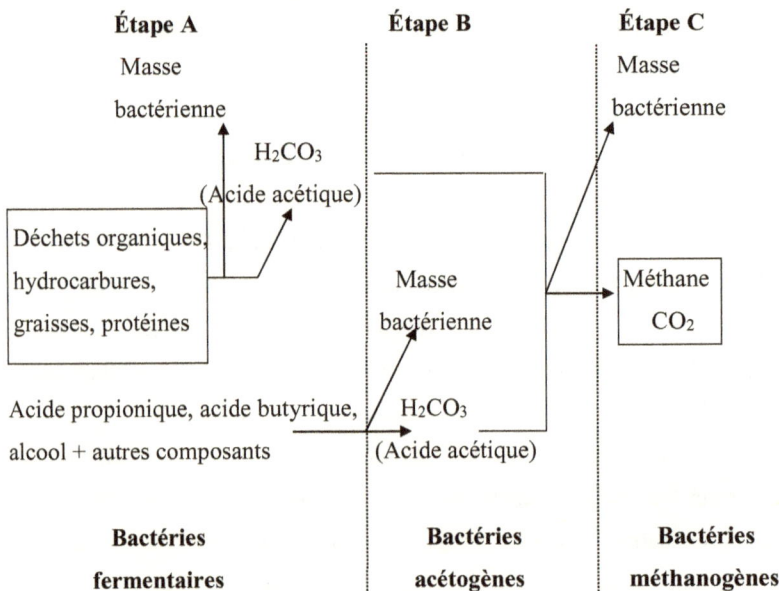

Figure: Principales réactions de la méthanogénèse. (*PRÉVOT Henri, 2000*)

La digestion anaérobie du matériel est chimiquement un processus très compliqué, impliquant des composés intermédiaires possibles et des réactions, dont chacun a catalysé par les enzymes ou les catalyseurs spécifiques.

Cependant, la réaction chimique globale est souvent simplifiée:

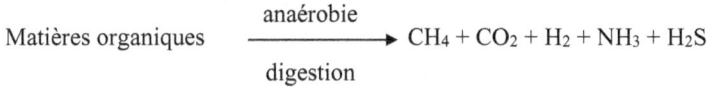

$$\text{Matières organiques} \xrightarrow[\text{digestion}]{\text{anaérobie}} CH_4 + CO_2 + H_2 + NH_3 + H_2S$$

En général, la digestion anaérobie est considérée comme pour se produire aux étapes suivantes :

1. Liquéfaction
2. Formation d'acide.
3. Formation de méthane.

Étape A: Liquéfaction.

Beaucoup de pertes organiques se composent des polymères organiques complexes tels que les protéines, les graisses, les hydrates de carbone, la cellulose, la lignine, etc., dont certains sont sous forme de solides insolubles.

La liquéfaction de la cellulose et d'autres composés complexes aux monomères simples peut être l'étape taux-limiteuse dans la digestion anaérobie, puisque cette action bactérienne est beaucoup plus lente dans l'étape 1 que dans l'une ou l'autre étape B ou C.

Le taux d'hydrolyse dépend du substrat et des concentrations bactériennes, aussi bien que sur des facteurs environnementaux tels que le pH et la température.

Étape B: Formation d'acide.

Les composants monoméries libérés par la panne hydrolyse due à l'action bactérienne dans l'étape A, sont encore convertis en acide acétique (acétates), H_2 et CO_2 par le bactérien Acétogènes.

La proportion de ces différents substrats produits dépend du présent de micro-organisme, aussi bien que sur les conditions environnementales.

Étape C: Formation de méthane.

Les produits de l'étape B sont finalement convertis en CH_4 et d'autres produits finaux par un groupe de bactéries sont obligent les anaérobies dont le taux de croissance est généralement plus lent que les bactéries dans l'étape A et B.

L'acide acétique ou l'acétate est le substrat le plus important simple pour la formation de méthane, avec approximativement 70% du méthane produit à partir de l'acide acétique.

Le méthane restant vient de l'anhydride carbonique et de l'hydrogène. Quelques autres substrats peuvent également être employés, comme l'acide formique, mais ce ne sont pas importants, puisqu'elles ne sont pas habituellement présentes dans la fermentation anaérobie.

Il y a quatre réactions dans le processus:

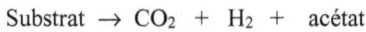

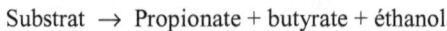

$$Substrat \rightarrow CO_2 + H_2 + \ acétat$$

$$Substrat \rightarrow Propionate + butyrate + éthanol$$

$$CH_3COO^- + H_2O \rightarrow CH_4 + HCO_3^- + énergie$$

$$4H_2 + HCO_3^- + H^+ \rightarrow CH_4 + 3H_2O + énergie$$

Le produit issu de la digestion anaérobie par des bactéries acidogènes puis méthanogènes est extrêmement riche en méthane (plus de 60%) qui peut être employé comme gaz de cuisson domestique.

Comme toujours, les résultats varient en fonction des modèles, mais on estime qu'en moyenne 1m³ de lisier produit 0,15 à 0,30 m³ de gaz par jour (environ 5500 kilocalories). La production de gaz débute environ un mois après le début des fermentations, ce qui est un délai gratifiant pour l'éleveur.

Le risque d'explosion dans l'air est faible mais existe; aussi il est préférable de placer les installations à distance des maisons. Le circuit de gaz peut-être organisé avec des tuyaux de PVC, des conduites souples ou même des canalisations d'eau, dans la mesure où la pression du gaz reste modérée.

La fraction liquide qui s'écoule par le trop plein du biodigester est riche en matières minérales et débarrassées des organismes pathogènes; elle peut être drainée vers une parcelle cultivée.

Les cuves sont la plupart du temps enterrées, ce qui facilite la gestion de la pression des liquides. Là encore, l'enfouissement limite l'utilisation de cette technologie aux zones suffisamment distantes de la nappe. La pression des liquides et du gaz impose par ailleurs l'utilisation de béton banché et la mise en oeuvre doit se faire par des spécialistes.

Les conditions d'entretien diffèrent entre les modèles, les principaux problèmes rencontrés sont l'accumulation des boues au fond de certaines cuves qui doivent être nettoyées, les fissures lorsque la conception est imparfaite, et la rouille lorsqu'il existe des parties métalliques.

- Un des modèles le plus populaire est le dôme fixe. La capacité de ce type de cuve peut varier de 8 à 30 m^3, c'est-à-dire approximativement d'élevages de 3 à 10 truies. Pour un modèle dôme fixe d'une capacité de 16 m^3, la production de gaz est de 2.3 m^3 par jour.

Lors de la mise en route, qui nécessite une importante quantité initiale de lisier, environ 6 tonnes, les bactéries méthanogènes sont apportées par un autre biodigester si cela est possible.

- Les modèles en plastique (nylon) à faible coût connaissent un succès croissant en Asie du Sud-Est mais il n'a pas été possible de visiter de telles installations. Cette étude menée sur la diffusion de cette technologie au Vietnam. Des informations sont en cours de collecte sur cette technologie et qui seront communiquées au milieu rural.

Dans le cadre de l'aménagement traditionnel de la parcelle le biodigester permettrait d'apporter du gaz de cuisson au niveau de la famille et pourrait servir à la cuisson des aliments humains.

LES AVANTAGES ET INCONVÉNIENTS RESPECTIFS DES TECHNIQUES

Les avantages et inconvénients respectifs des techniques décrites peuvent être synthétisés dans le tableau comparatif suivant.

Comparaison des techniques de gestion d'effluents envisagées.

VALORISATION DU LISIER	AVANTAGES	INCONVÉNIENTS ET LIMITÉS
Épandage du lisier	valorisation agronomique du lisier peu de travail supplémentaire pas de barrière culturelle possibilités d'aide financière	valorisation agronomique limitée faible épuration des pathogènes grande surface d'épandage coût d'installation
Compostage	épuration des pathogènes valorisation agronomique du lisier optimale économique pas de contrainte sur le site d'application	phase expérimentale pertes d'azote travail supplémentaire site de production
Lagunage	épuration des pathogènes valorisation agronomique peu de travail supplémentaire	localisation des bassins de lagunage barrière culturelle
Bassin d'aquaculture	valorisation alimentaire système intégré profit important pour l'éleveur	procédé onéreux haute technicité travail supplémentaire localisation des bassins d'aquaculture barrière culturelle
Biogaz	épuration des pathogènes valorisation agronomique valorisation énergétique peu de travail supplémentaire bénéfice rapidement perceptible	localisation des biodigesters barrière culturelle maintenance

Chapitre : CONTENU ET MÉTHODE D'ETUDE

OBJET D'ETUDE

SaDec est une ville de province Dong Thap dans la delta du Mékong – Vietnam, près de la frontière du Cambodge qui a beacoup des familles. Ces familles sont situées dans le secteur inondé.

Là-bas, c'est l'agriculture, surtout l'élevage qui enrichit cette région. Mais les paysans n'ont pas de systèmes de traité ou stockage des déchets d'élevage. Les déchets non-traité sont élimines directement dans l'environnement.

Les déchets d'animaux domestiques à SaDec

Type d'animaux	Poids (kg)	Quantité	Déchet en solide	Moyenne kg/jour	Déchet en liquide	Moyenne litre/jour
Porcs	15-45	27	24,2	0,9	13	4,5
	45-100	45	103,9	2,3	35	5
	>100	5	13,6	2,7	50	10
Boeufs	100-200	5	27,8	5,6	40	8
	>200	14	121,4	8,7	225	15

Avec un grand des déchets à SaDec, on peut donner une des solutions effectives pour éliminer l'effluent et améliorer de la qualité environnementale, comme le traitement par un sac de Biogaz.

Et puis, on estime d'une efficacité du traitement dans l'élevage familial et trouve aussi des avantages et des inconvénients d'un sac de Biogaz.

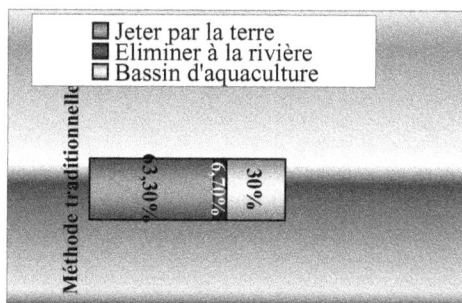

Figure: Proportion (%) des méthodes traditionnelles dans le traitement des déchets d'élevage à SaDec

COTENU ET MÉTHODE D'ETUDE

Installation d'un sac de Biogaz: (pendant 3 jours)

- Aménagement d'une position convenable au jardin d'une famille d'élevage à SaDec – Delta du Mékong - VietNam.

La position requise a une superficie environ 9m^2.

Dans l'élevage familial, Monsieur Hai a deux bœufs avec :

- La masse moyenne du fumier en solide 16,58 kg par jour.
- Le volume moyenne du lisier en liquide 15,33 litres par jour

- Préparation des matériaux requis (d'après *Annexe*).

- Mise en place d'un sac de Biogaz: (7 étapes – d'après *Annexe*)

- Creusement d'un trou où le sac de Biogaz sera placé
- Préparation du sac en plastique
- Réglage de la valve de conduit de biogaz
- Réglage de la valve de sécurité
- Remplissage de biogaz avec l'échappement de l'eau
- Manœuvre d'un sac de Biogaz
- Gestion de l'usine de biogaz (installation de brûleur)

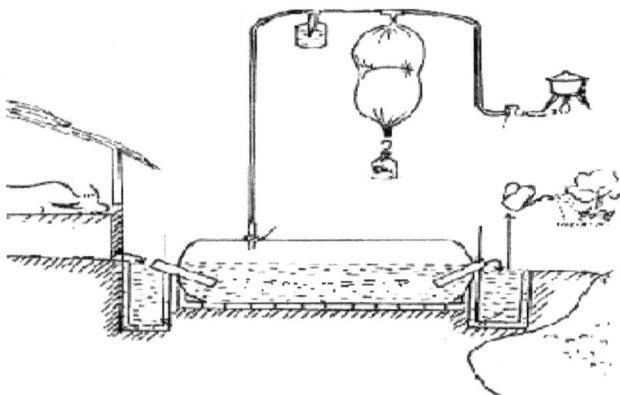

Figure: Construction d'un système de fermentation anaérobie (Biogaz)

Évaluation de l'efficacité du traitement par un sac de Biogaz :

Les paramètres chimiques de l'effluent

Pour évaluer de l'efficacité du traitement, on a analysé les paramètres biochimiques entre effluent d'entrée et effluent de sortie.

L'analyse d'effluent des élevages a porté aussi les paramètres chimiques et les paramètres bactériologiques.

Et puis, on a fait une comparaison entre 2 effluents pour trouver une différence moyenne et une efficacité du traitement dans un sac de Biogaz.

L'analyses biochimique a compté de 8 paramètres: DBO_5, DCO, $N-NH_4^+$, N-NTK, P total, Fe total, S^{2-}, Coliformes totaux sur plusieurs échantillons à intervalles réguliers (après 1 mois), de sorte à constituer une moyenne.

Méthodes d'échantillonnage des effluents

Le mode d'échantillonnage doit être conforme aux exigences de la plus récente édition du guide pour la valorisation des matières résiduelles fertilisantes. L'échantillon doit être prélevé dans un contenant de polypropylène à haute densité ou de polypropylène lavé à l'acide nitrique.

Des contenants en téflon, en verre ou en borosilicate qui ont subi un lavage approprié conviennent aussi. Cependant, une quantité d'environ 250g ou 250ml est généralement suffisante.

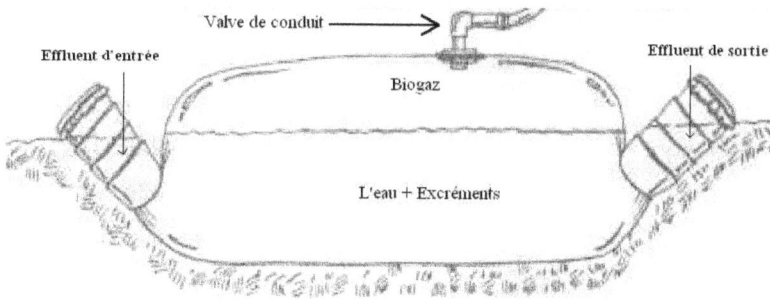

Figure: Echantillonnage d'effluent

(Effluent d'entrée - E1 et Effluent de sortie - E2)

Aucun agent de conservation ne doit être ajouté. Les échantillons doivent être conservés à 4^0C et à l'obscurité.

Les échantillons sont amenés dans les 24 heures au laboratoire chargé des analyses. Une analyse peut prendre de 1 heure à plusieurs heures *(48 heures pour certaines analyses micro-biologiques)* selon les substances analysées.

L'analyse des paramètres chimiques a fait au laboratoire du Département de l'Environnement à l'Université de Cân Tho.

Détermination d'une efficacité du traitement en paramètres biochimiques

L'efficacité en ce qui concerne le traitement ont été mesurées sur chaque paramètre biochimique.

Le taux du traitement est exprimé comme suit :

$$H = \frac{T}{C} \times 100$$

Le résultat H est exprimé en unité % (pourcentage).

Avec :   C (mg/l) = Charge pour chaque paramètre d'analyse

(Concentration moyenne dans l'effluent d'entrée)

T (mg/l) = Charge traitée pour chaque paramètre d'analyse

(Concentration moyenne de la proportion entre 2 effluents)

On exprime l'efficacité du traitement (H%) s'il y a une différence entre Effluent d'entrée et Effluent de sortie, si non H = 0 %.

Par exemple: - Charge en DBO_5: C = 1355,33 mg/l

- Charge traitée en DBO_5: T = 575 mg/l

- Efficacité du traitement en DBO_5: H = (T/C).100% = 42,43%

Chapitre : RÉSULTATS ET DISCUSSION

APPLICATION DE LA TECHNIQUE DE BIOGAZ

Le sac est mis dans un trou de 0,85 m de large sur 8 m de long, près des étables. Malgré la facilité de construction et un coût moins élevé environ 54 euros (800.000 dongs/dispositif, 1 euro € = 15.000 dongs/année 2006), le modèle biogaz en nylon présente des inconvénients: il doit être construit juste à côté du bâtiment d'élevage sur une superficie assez large. De plus, exposé aux rayons du soleil et aux coups des animaux, il vieillit vite.

Le volume du sac est 2,72 m^3 pour traiter 15,33 litres de lisiers et 16,58 kg de fumiers par jour (2 bœufs).

Photo: Creusage d'un trou adapté dans la terre

Dans l'eau, le sac en nylon subit la baisse de température ce qui réduit les activités des micro-organismes vivant dans le bassin de décomposition: le dispositif, crée ainsi moins de gaz qu'à sous terre.

Une tranchée est faite pour le sac de collecte du lisier et la production de gaz méthane. Souvent les paysans préfèrent la faire en dur, et recouvrir le sac, pour augmenter sa longévité. Si le plastique est de qualité correcte (2 ou 3 couches), sans aucune protection le sac peut durer plus 5 ans. L'entrée et la sortie sont immergées pour empêcher le gaz de sortir. Le lisier est mélangé à 1/3 d'eau.

Le surplus s'écoule dans une petite fosse et peut-être utilisé comme excellent engrais.

Entre la poche de production du gaz et le sac réservoir, une simple bouteille d'eau sert de valve de sécurité pour évacuer les éventuels sur plus de gaz.

Photo: Un second sac est stocké des gaz   Photo: Valve de sécurité

Photo: Un sac de Biogaz en nylon dans une famille d'élevage

La production de biogaz se fait à l'aide de "digesteurs sac" en plastique polyéthylène. La matière organique se dégrade dans les sacs étanches et le biogaz produit est récupéré puis stocké dans un second sac.

Les digesteurs sac ont pour avantage d'être peu onéreux et faciles à installer et à entretenir. Ils ont été mis au point par l'Université de Cân Tho (Vietnam) et sont donc particulièrement adaptés aux régions tropicales comme le delta du Mékong.

L'utilisation faite du biogaz dépend des besoins les plus urgents pour l'éleveur, il peut être utilisé pour remplacer une consommation déjà existante d'énergie charbon et permettre à l'éleveur d'acquérir une indépendance vis à vis des cours mondiaux de l'énergie. Il peut également être utilisé pour étendre le domaine d'activité de l'éleveur et créer ainsi de nouvelles sources de revenus.

Photo: Utilisation du biogaz comme une énergie de combustible

- Les lisiers du bœuf: 18,7 m^3 de biogaz (à 60% de CH_4) par m^3 de lisiers (*DÉGRE Aurore, 2002*)

- Le volume du sac qui contient des lisiers: V_{sac} = 2,72 m^3.

$\rightarrow V_{biogaz}$ = 18,7 x 2,72 = 51,05 m^3 gaz

Les dispositifs de biogaz installés à SaDec ont eu aussi une efficacité économique. Le dispositif biogaz à SaDec a permis aussi de diminuer l'utilisation de bois et de pailles pour faire la cuisine et donc les dépenses pour l'achat du bois (environ 60.000dongs/mois/famille ≈ 4€). Il existe également des effets sociaux: l'application de biogaz favorise les travaux de la cuisine des paysans.

LES PARAMÈTRES BIOCHIMIQUES D'ANALYSE

DBO$_5$ (demande biochimique d'oxygène en cinq jours)

Elle évalue la quantité de matières biodégradables, en mesurant l'oxygène consommé par les bactéries :

$$\text{Matières organiques} + O_2 \rightarrow CO_2 + H_2O + NH_4^+ \text{ (puis } NO_2^- \text{ puis } NO_3^-)$$

Au bout de 5 jours, la minéralisation n'est pas complète. La DBO l'est à environ 21 jours. Elle peut, selon la rapidité de la dégradation des matières organiques, qui dépend du caractère de la pollution examinée, être plus ou moins satisfaite au bout de la première journée.

Un effluent à évolution rapide ne s'adapte pas aussi bien qu'un effluent à évolution lente au pouvoir auto épurant de la rivière. Il peut donc être plus nocif, tout en ayant la même DBO$_5$. Ce qu'il serait intéressant de déterminer, c'est la courbe de la DBO en fonction du temps.

Un résultat extrapolé sur les observations durant la première journée pourrait mieux renseigner un exploitant ou un service de contrôle qu'un seul résultat attendu 5 jours.

La DBO n'a pas de signification s'ils y ont présence de toxicité, qui bloquent le développement bactérien.

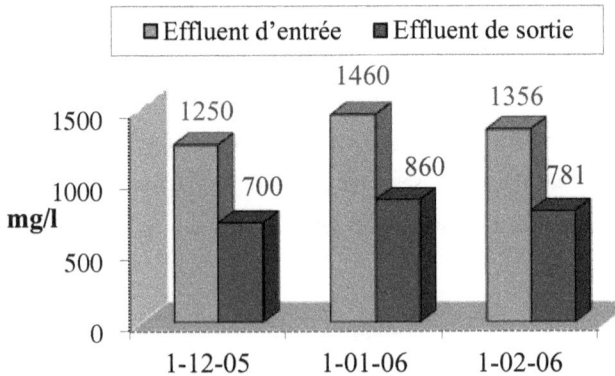

Figure: La disproportion de DBO$_5$

En observant par disproportion de DBO$_5$ (d'après *figure*) et les statistiques en comparent les moyennes en test T pour échantillons appariés (d'après *Annexe*), on a constaté qu'il y a eu une différence de DBO$_5$ entre effluent d'entrée et effluent de sortie avec un niveau de signification $\alpha = 0{,}001$ (<5%).

Et, en appuyant sur de récente scientifique sur le test « ANOVA » à 1 facteur, on a pu estimer la charge traitée en DBO$_5$ (T = 575 mg/l).

En effet, ces résultats ont reflété une efficacité du traitement en DBO$_5$ (H = 42,43%) dans un sac de Biogaz.

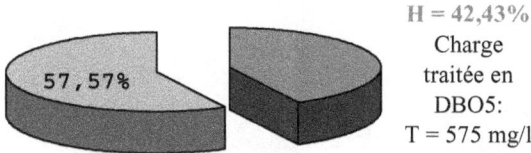

H = 42,43%
Charge traitée en DBO5:
T = 575 mg/l

57,57%

Figure: Efficacité du traitement en DBO$_5$

DCO (demande chimique en oxygène)

La DCO est une autre mesure de la concentration de matières organiques (et partiellement inorganiques) contenues dans une eau. Mesurée après oxydation chimique intense, elle représente la concentration d'oxygène nécessaire à l'oxydation de la totalité des matières organiques. La DCO inclut donc la DBO et, pour l'essentiel (90%), est biodégradable ou séparable dans les installations biologiques d'épuration des effluents d'élevage.

Elle évalue la quantité de matières organiques par analyse chimique. Cette oxydation n'est pas complète.

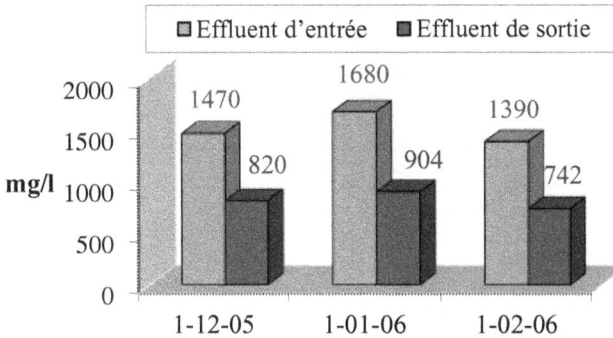

Figure: La disproportion de DCO

Bien que l'analyse des teneurs en DCO dans le temps, quelques observations puissent être faites.

Et après les statistiques en comparent les moyennes en test T pour échantillons appariés et en test « ANOVA » à 1 facteur (d'après *Annexe*), on a pu remarque qu'il y a eu une différence de DCO entre l'effluent d'entrée et l'effluent de sortie avec un niveau de signification $\alpha = 0,004$ (<5%).

Ensuite, la charge traitée en DCO a atteigné 691,33 mg/l.

31

Cependant, le taux de dégradation de la matière organique (obtenu par le taux de réduction de la DCO) observé est plus élevé avec une efficacité du traitement en DCO (H = 45,68%).

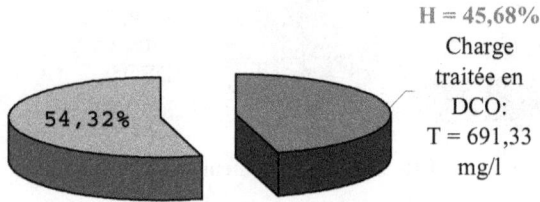

Figure: Efficacité du traitement en DCO

Discussion: Grâce aux ces étapes et aux résultats scientifiques de paramètre chimique, on peut connaître qu'un part des matières organiques dans les effluents est diminué par la digestion anaérobie dans un sac de Biogaz.

On retrouve que la dégradation de la matière organique peut se faire par la fermentation (anaérobie). Cette dégradation de la matière organique dans ce type de Biogaz conduit à la production de gaz caractéristiques de la dégradation anaérobie dont l'hydrogène sulfuré (H_2S), le méthane (CH_4).

Ce qui reflète aussi une diminution de la DBO_5 et de la DCO dans l'effluent de sortie par cette réaction.

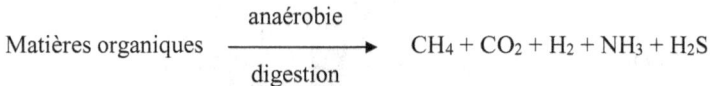

$$\text{Matières organiques} \xrightarrow{\text{anaérobie digestion}} CH_4 + CO_2 + H_2 + NH_3 + H_2S$$

Le traitement de la DBO_5 et de la DCO en technique de Biogaz est un processus essentiellement de nature biologique.

La standard du Vietnam (TCVN 5942:1995) :

- Limité d'eau usée épurée à 4 mg/l DBO_5 et à 10 mg/l DCO.

- Limité d'eau à usage agricole à 25 mg/l DBO_5 et à 35 mg/l DCO.

N-NH_4^+

L'azote ammoniacal a ainsi été mis en position de polluant déclassant prioritaire, c'est du fait de sa toxicité sur les poissons et les invertébrés aquatiques. On sait toutefois que c'est la forme dissociée NH_3 qui est toxique et que l'équilibre

$NH_4^+ \leftrightarrow NH_3^+ + H^+$ est gouverné par le pH et la température.

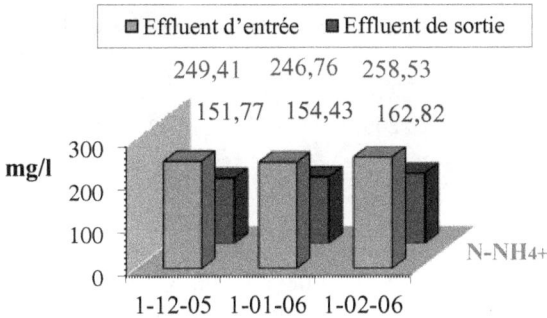

Figure: La disproportion de N-NH$_4^+$

Comme cela a été indiqué à cette figure, la disproportion de teneur en N-NH$_4^+$ des deux effluents a permis de donner une hypothèse qu'il y eu une différence de N-NH$_4^+$ entre effluent d'entrée et effluent de sortie.

Grâce aux analyses statistiques (test T et test ANOVA), on a accepté cette hypothèse avec un niveau de signification $\alpha = 0,000$ (<5%).

Tout dépend de la moyenne de différence N-NH$_4^+$ (ou charge traitée en N-NH$_4^+$) qui a compris 95,23 mg/l.

Enfin, l'efficacité du traitement en N-NH$_4^+$ a été calculée: H = 37,85% dans un sac de Biogaz.

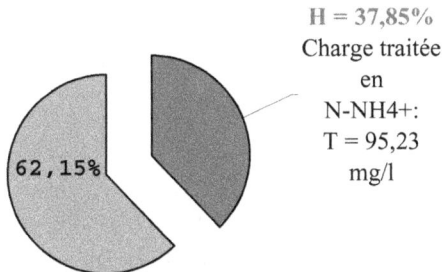

Figure: Efficacité du traitement en N-NH$_4^+$

N-NTK (Azote total Kjedahl) = N organique + N-NH$_4^+$

Azote total Kjeldhal (NTK) du nom du chimiste ayant proposé la méthode de dosage, NTK représente la somme de l'azote organique et de l'azote ammoniacal. On le mesure par dosage de l'azote sous ammoniacal après minéralisation de l'azote organique (alors transformé en azote ammoniacal) par ébullition en milieu acide.

33

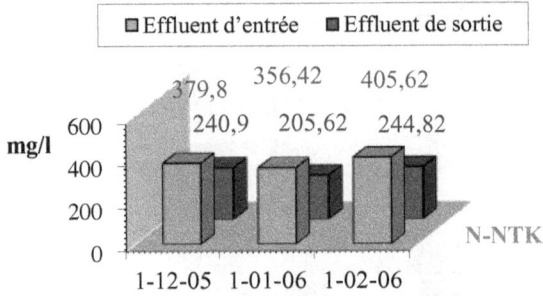

Figure: La disproportion de N-NTK

Ces résultats dans la figure ci-dessus laissent à penser qu'il y a eu une différence de N-NTK entre effluent d'entrée et effluent de sortie.

Travaillant sur ces données par analyse statistique en comparent les moyennes en test T pour échantillons appariés et en test « ANOVA » à 1 facteur (d'après *Annexe*), on a eu une moyenne de différence N-NTK (150,17 mg/l) et un niveau de signification $\alpha = 0,002$ (<5%). D'après la conclusion scientifique qui a été parvenues, on a pu estimer à l'efficacité du traitement en N-NTK (H = 39,45%) dans un sac de Biogaz.

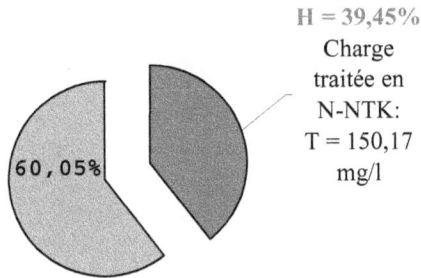

Figure: Efficacité du traitement en N-NTK

Discussion: Présent dans le lisier sous forme minérale (azote ammoniacal) et organique (protéines, urée,...), le traitement de l'azote du lisier se fait en plusieurs étapes et selon divers processus.

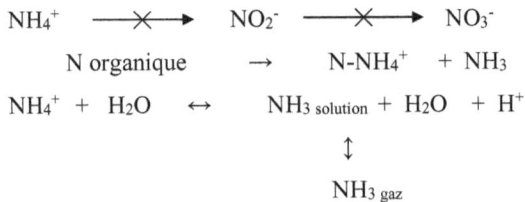

$$NH_4^+ \xrightarrow{\quad\times\quad} NO_2^- \xrightarrow{\quad\times\quad} NO_3^-$$

$$N \text{ organique} \rightarrow N\text{-}NH_4^+ + NH_3$$

$$NH_4^+ + H_2O \leftrightarrow NH_{3\,solution} + H_2O + H^+$$

$$\updownarrow$$

$$NH_{3\,gaz}$$

34

L'ammonification permet dans un premier temps de transformer l'azote organique en azote ammoniacal soit sous forme d'ion ammonium (NH_4^+) et d'ammoniac gazeux dissous (NH_3), ces deux formes étant en équilibre dans l'effluent d'élevage.

Les nitrates ainsi obtenus sont alors soumis à l'ammonification par des bactéries anaérobies et par des bactéries facultatives. Cette étape nécessite des conditions anaérobies obtenues dans le fond du sac de Biogaz où les excréments qui s'y sont déposés.

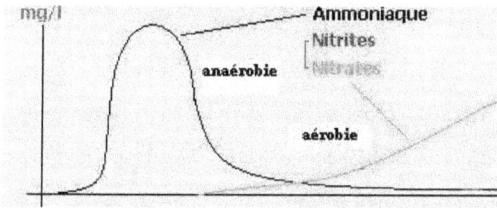

Figure: La teneur en Ammoniaque (anaérobie) et en Nitrite-Nitrate (aérobie)

Les autres formes d'azote organique contenues dans les déchets vont êtres attaqués par des micro-organismes bioréducteurs (bactéries hétérotrophes,...), lesquels produisent l'énergie dont ils ont besoin par la décomposition de cet organique qui, en dernier lieu, est transformée en NH_4^+.

Les oxydes d'azote (NO_2^-, NO_3^-) ne sont pas formés à partir des nitrates (sans oxygène) au milieu anaérobie.

La standard du Vietnam (TCVN 5942:1995) : Limité d'eau usée épurée à 0,05 mg/l N-NH_4^+ et à d'eau à usage agricole à 1 mg/l N-NH_4^+.

P total : P total = P (orthophosphates PO_4^{3-}) + P organique

La présence de phosphore dans un cours d'eau est importante car en trop faible concentration il peut s'avérer limitant pour la croissance de plantes et, de la même façon, une teneur trop élevée peut favoriser le développement de plantes et mener à l'eutrophisation du cours d'eau (vieillissement prématuré).

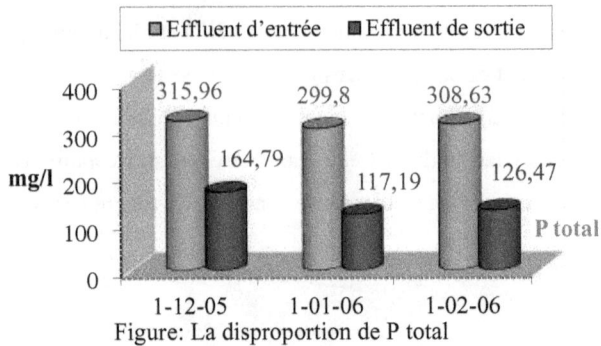
Figure: La disproportion de P total

De nombreux teneurs en P total (d'après *figure*) ont été utilisés afin d'étudier leur disproportion entre effluent d'entrée et effluent de sortie.

Des études ont été essentiellement menées sur les statistiques en comparent les moyennes en test T pour échantillons appariés et en test « ANOVA » à 1 facteur (d'après *Annexe*).

Pour conclure une efficacité du traitement en P total, on a constaté qu'il y a eu une différence de P total (H = 55,81%), on a pu apprécier le niveau de signification $\alpha = 0,004$ (<5%).

Enfin, il faut souligner que la moyenne de différence P total (charge traitée) a atteigné 171,98 mg/l.

.

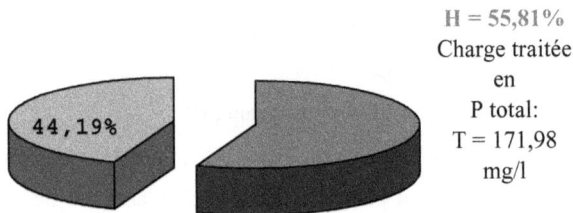

Figure: Efficacité du traitement en P total

Discussion: Après la digestion au moins 50% du présent d'azote est sous forme d'ammoniaque dissoute, qui peut être nitrifiée pour devenir nitrate, pour application aux récoltes afin d'être aisément disponible pour la prise. Ainsi la digestion augmente la disponibilité de l'azote dans les pertes organiques à ci-dessus sa gamme habituelle d'environ 60%. Le contenu de phosphate n'est pas diminué, et leur disponibilité d'environ 45% P, respectivement, n'est pas changée pendant la digestion. Les performances d'élimination du phosphore sont en général assez forts soit de 55 %.

36

$$P_{total} \longrightarrow P_{solution} + P_{sédimentation}$$

Les deux plus importants procédés du traitement du phosphore sont la sédimentation du phosphore organique et l'adsorption du phosphore soluble (orthophosphates PO_4^{3-}) dans un milieu acide.

Le phosphore accumulé dans les sédiments est en effet libéré quand le milieu devient anaérobie, condition qui apparaît pendant le sac de Biogaz.

Limite de rejet des substances phosphorées (TCVN 5942:1995): 2 mg/l P total pour l'eau usée épurée et 4 mg/l P total pour l'eau à usage agricole.

Fe total

La présence de fer dans les effluents a de multiples origines : le fer, sous forme de pyrite (FeS_2), est couramment associé aux roches sédimentaires déposées en milieu réducteur (marnes, argiles) et aux roches métamorphiques.

Présent sous forme réduite (Fe^{2+}), le fer est oxydé par l'oxygène de l'air et précipite sous forme ferrique lorsque l'eau est pompée $\rightarrow Fe^{2+}, Fe^{3+} + e^-$

Les dalles de forages ou puits sont alors colorées en brun/rouille et les populations se désintéressent parfois de la ressource car l'utilisation d'une eau chargée en fer pour la lessive colorent le linge et, consommée directement ou sous forme d'infusion (thé…), peut avoir un goût prononcé.

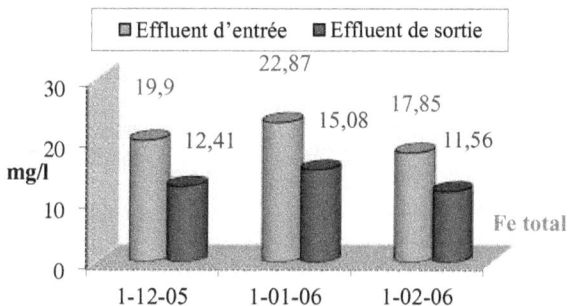

Figure: La disproportion de Fe total

Une analyse chimique et statistique (en test T et en test ANOVA – *Annexe*) de fer total a révélé des teneurs différentes en rapport des deux effluents. Cela conduit à penser qu'il y a eu une différence de Fe total entre effluent d'entrée et effluent de sortie avec une moyenne de différence Fe total (7,19 mg/l). Cette hypothèse a pu être vérifier par un niveau de signification $\alpha = 0,004$ (<5%).

Dans ce cas, toutes ces études ont montré qu'une efficacité du traitement en Fe total (H = 35,58%) et qu'une charge traitée en Fer (T = 7,19 mg/l) dans un sac de Biogaz.

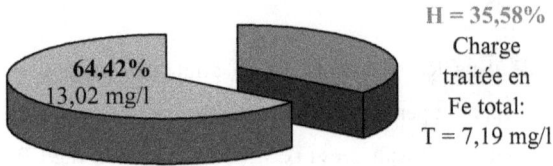

H = 35,58%
Charge
traitée en
Fe total:
T = 7,19 mg/l

64,42%
13,02 mg/l

Figure: Efficacité du traitement en Fe total

Discussion: Le fer total qui est fer soluble présents dans l'effluent. Le fer est soluble à l'état d'ion Fe^{2+} (ion ferreux) mais insoluble à l'état Fe^{3+} (ion ferrique).

Sans présence d'oxygène, donc en milieu anaérobie, il n'y a pas d'oxydes et des hydroxydes de fer. Les composés de fer ferreux (Fe^{2+}) réagissent avec des acides organiques provenant de la fermentation bactérienne.

Comme le traitement du phosphore, il y a encore des procédés de la sédimentation du fer aux boues excrémentielles.

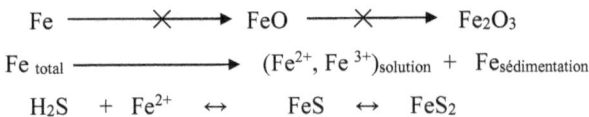

$$Fe \longrightarrow\!\!\!\times\!\!\!\longrightarrow FeO \longrightarrow\!\!\!\times\!\!\!\longrightarrow Fe_2O_3$$

$$Fe_{total} \longrightarrow (Fe^{2+}, Fe^{3+})_{solution} + Fe_{sédimentation}$$

$$H_2S + Fe^{2+} \leftrightarrow FeS \leftrightarrow FeS_2$$

Dans le fond du sac, le H_2S produit réagit avec le fer des sédiments et donne des précipités de sulfure ferreux noir.

D'autre part, la boue excrémentielle, elle est possible de contribuer à sa capacité de fixation du fer et du phosphore.

Norme TCVN 5942:1995 limité 1 mg/l Fe total pour l'eau usée épurée et 2 mg/l Fe total pour l'eau à usage agricole.

S²⁻ (le soufre soluble)

Composé de soufre soluble, facilement reconnaissable à très faible concentration à son odeur "d'œuf pourri", qui disparaît à plus forte concentration. Il se forme par fermentation anaérobie des substances organiques.

Teneurs en S^{2-} total

Unité : mg/l

Date d'analyse	1-12-2005	1-1-2006	1-2-2006
Effluent d'entrée	4,31	1,11	2,81
Effluent de sortie	0,23	0,79	0,85

À partir des teneurs en S^{2-}, on a utilisé un procédé pour analyser des données en test. Les méthodes d'analyse (en test T et en test ANOVA – *Annexe*) nous avons aidé à constater qu'il y n'a eu aucun différence de S^{2-} entre effluent d'entrée et effluent de sortie à cause d'un niveau de signification $\alpha = 0,195$ (>5%)→ *non-significative*.

C'est pourquoi, il n'a eu pas une efficacité du traitement en S^{2-} (H = 0%) dans un sac de Biogaz.

Discussion: Dans la condition anaérobie, le soufre soluble (S^{2-}) est transformé en hydrogène sulfure (H_2S) sans présence d'oxygène. Mais c'est une réaction réversible.

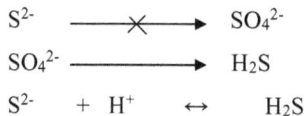

$$S^{2-} \quad \xrightarrow{\quad\times\quad} \quad SO_4^{2-}$$
$$SO_4^{2-} \quad \xrightarrow{\quad\quad} \quad H_2S$$
$$S^{2-} \quad + \quad H^+ \quad \leftrightarrow \quad H_2S$$

Par ailleurs, certaines bactéries du genre *Desulfovibrio* peuvent aussi produire de l'hydrogène sulfuré à partir des sulfates qu'elles réduisent dans des conditions anaérobies.

Mais, le gaz H_2S produit faiblement, environ 0,1% de Biogaz.

La standard du Vietnam (TCVN 5942:1995) limite en distribution à 0,01 mg/l et pour l'utilisation agricole à 0,02 mg/l.

Coliformes totaux (MPN/100ml)

Les bactéries coliformes existent dans les matières fécales mais peuvent également se développer dans certains milieux naturels (sol, végétation). L'absence de coliformes totaux ne signifie pas nécessairement que l'eau ne présente pas de risque pathogène car il peut exister de certains parasites.

Coliformes totaux

(MPN/100ml)

Date d'analyse	1-12-2005	1-1-2006	1-2-2006
Effluent d'entrée	$9,1.10^5$	$4,8.10^5$	$5,6.10^5$
Effluent de sortie	11.10^5	$9,3.10^5$	$10,8.10^5$

Plusieurs remarques peuvent être faites à partir des Coliformes totaux (d'après *Tableau*).

Tout d'abord, on a comparé la moyenne de différence entre effluent d'entrée et effluent de sortie.

Après les statistiques en test T pour échantillons appariés et en test ANOVA à 1 facteur (d'après *Annexe*), toutes ces remarques ont été vérifiées par un niveau de signification $\alpha = 0,061$ (>5%) → *non-significative*.

En synthèse, les donnés obtenues ont montré que le sac de Biogaz n'a eu pas une efficacité du traitement en Coliformes totaux (H = 0%).

Discussion: Cependant, le procédé de digestion est gardé sans oxygène pendant une longue période (15-50 jours), à environ 35^0C. Ces conditions sont suffisantes à inactif certains des bactéries, des virus, des protozoaires et des ovules pathogènes.

Mais, la technologie de biogaz a quelques inconvénients. En comparaison avec une autre solution, telles que le compostage, la production de biogaz peut être interprétée comme seul avantage principal de cette technologie.

D'autres avantages, par exemple stabilisation et inactivation de microbe pathogène, sont accomplis mieux par le compostage.

Métabolisme anaérobie où peuvent se développer des micro-organismes méthagènes (produisant le méthane). Ces germes peuvent tolérer des concentrations assez faibles en oxygène et assurent la minéralisation de la matière organique au niveau des sédiments.

En milieu aérobie les micro-organismes les plus rencontrés sont les bactéries, et les levures tandis qu'en milieu anaérobie il s'agit exclusivement des bactéries.

Les performances du traitement des bactéries tels que les coliformes totaux, sont très dépendantes de la charge de ces pathogènes à l'entrée du système de Biogaz.

Valeur de référence norme TCVN (5942:1995) limité Coliforme pour l'eau usée épurée: 5000 MPN/100ml et Coliforme pour l'eau à usage agricole: 10.000 MPN/100ml.

Chapitre : CONCLUSION ET PERSPECTIVE

CONCLUSION

Les performances obtenues sur les différences paramètres d'études montrent un important traitement d'un sac de Biogaz ainsi qu'une amélioration de la qualité environnementale. Voici les résultats d'étude dans cet ouvrage:

Efficacité du traitement d'un sac de Biogaz selon les paramètres

Paramèt-res	DBO$_5$	DCO	N-NH$_4^+$	N-NTK	P total	Fe total	S^{2-}	Coliform-es totaux
Charge traitée T (mg/l)	575	691,33	95,23	150,17	171,98	7,19	Non-traité	Non-traité
Efficacité du traitement H%	42,43	45,68	37,85	39,45	55,81	35,58	0	0

D'autre part, concernant la productivité en Biogaz, les volumes produits dépendent essentiellement de la composition en matière organique des substrats, qui est amenée à varier suivant le type d'animal, et son alimentation, mais dépend aussi de la technique de sac utilisé.

La technologie « un sac de Biogaz » va donc se faire au regard des avantages et des inconvénients dont voici un tableau récapitulatif :

Avantages et inconvénients d'un sac de biogaz

Avantages	Inconvénients
-Frais financiers non-élevés	-Possibilité d'explosion.
-Produit la grande quantité du gaz de méthane; le méthane peut être stocké à la température ambiante.	-Peut développer un volume de déchets beaucoup plus grand que le matériel original, puisque l'eau est ajoutée au substrat
-Le déchet solide a une bonne valeur fertilisée et peut être employé comme le compostage.	-Le déchet liquide présente un problème potentiel de pollution de l'eau si n'a pas assez du temps pour la méthanogénèse.

41

-Fourniment d'une manière sanitaire pour l'élimination des déchets des animaux et des humains.	-L'entretien et la commande sont exigés.
-Les aides conservent les ressources énergétiques locales rares telles que le bois.	-Des conditions de fonctionnement appropriées doivent être maintenues dans le sac de Biogaz pour la production maximum de gaz.
-Avoir un impact du traitement chimique (sans le soufre soluble S^{2-}) dans l'effluent.	-Diminution de pollution micro-biologique mais encore limitée (comme les Coliformes totaux).

Après traitement par le sac de Biogaz, l'effluent n'est pas rejeté directement dans la rivière par qu'il a encore des substances polluées. La contamination des effluents passe la limite des classes de qualité d'après la standard du Vietnam (TCVN 5942:1995).

Les paysans peuvent se familiariser avec les méthodes du traitement de la pollution de l'environnement local comme la technique de Biogaz. Ceci contribue à conscientiser et responsabiliser les familles paysannes dans la collecte et le traitement des déchets d'élevage. La gestion du risque de pollution passe par des étapes d'expérimentation qui ouvrent de nombreuses perspectives de développement dans l'avenir.

Figure: Un développement durable
dans milieu rural grâce aux biogaz

PERSPECTIVE

Plusieurs éleveurs s'intéressent beaucoup à ce modèle de biogaz. Ils souhaitent que les programmes ou organisations internationales, établissements étatiques leur apportent des appuis financiers pour qu'ils puissent installer plus de dispositifs en vue de traiter efficacement des déchets, permettant ainsi de réduire la pollution.

En plus d'être employé comme engrais, la boue de digesteur de biogaz également agit en tant que conditionneur de sol et aide à améliorer les propriétés physiques du sol. L'application de la boue de sac de Biogaz aux sols improductifs améliorerait par la suite la qualité de sol, ou la terre inutile pourrait être reprise (Compostage).

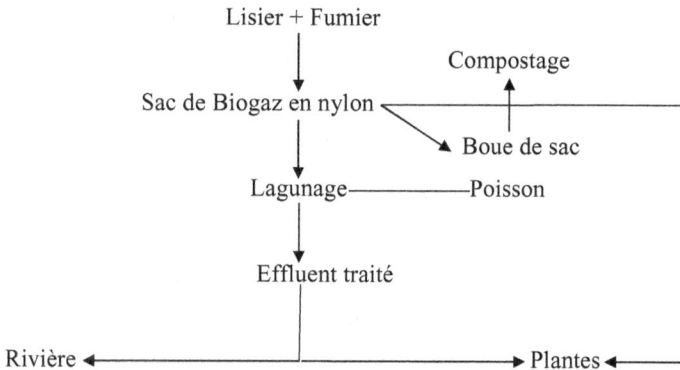

Figure: Système du traitement déchets dans l'élevage à SaDec

À SaDec, nous recommandons, pour le traitement d'effluent après le sac de Biogaz, l'utilisation de lagunes.

Dans un système de lagunage, l'effluent sera débarrassé de sa charge polluante au profit du développement de biomasses. Par ce procédé biologique, les éléments fertilisants du lisier sont recyclés sous forme de biomasses valorisables: protéines végétales (microalgues) et animales (zooplancton et poissons).

Et nous espérons que le traitement des déchets d'élevage par la technologie de Biogaz sera appliqué d'une manière efficace dans la production et peut être diffusé à l'échelle nationale. Et puis, nous pouvons avoir des conditions pour mettre en place une étude approfondie de Biogaz sur le long terme.

RÉFÉRENCES
BIBLIOGRAPHIQUES

HANNEQUART Jean-Pierre, *Gestion des Déchets*, Syllabus du cours, Année académique 2002, p.1 – p7.

HUỲNH Thu Hòa, 2002, Cours *Pollution de l'environnement*, Université de Cân Tho, Faculté de Sciences, p.35 – p.44

COLAS Réné, 1962, *La pollution des eaux*, Édition Presses Universitaires de France, N^0 983.

PONTAILLER Serge, 1982, *Engrais et Fumure*, Édition Presses Universitaires de France, N^0 703.

VIVIER Paul, 1962, *La pisciculture,* Édition Presses Universitaires de France, N^0 671.

QUILLERÉ Isabelle, ROUX Louis, MARIE Didier, ROUX Yvette, GOSSE François, 1994, *L'intégration de cultures végétales dans les élevages piscicoles en eau recyclée*, Cahier Agriculture, p.301 - p.308.

THÉODORE Munyuli Bin Mushambanyi, 2002, *Élevage contrôlé des grenouilles au Kivu (République démocratique du Congo),* Cahier Agriculture, p.269 - p.274.

BÉBIN J., 2000, *La pollution des milieux aquatiques*, Aide-mémoire, Association des anciens élèves TEN POITIERS.

TRƯƠNG Thanh Cảnh, 2001, *Étude à système du traitement du lisier*, Université d'Agriculture-Forêstière de Thủ Đức. Format HTML. Disponible sur Internet : <http://www.univ-tours.fr/prodanim/mastairevn/siteweb3/envir.htm>

AUPELF-UREF, Bureau Asie-Pacifique, 2002, *Guide à la rédaction d'un mémoire ou d'un rapport de stage.*

BERNET Nicolas, DELGENÈS Jean-Philippe et MOLETTA René, Février 2000, *Lisier de porc : la solution biologique*, Cahier Biofutur 197, p.42 -p.45

Y.HERVÉ, *Experimentation Agronomique : Technique des Essais Agricoles*, École National Supérieure Agronomique de Rennes.

RAMADE François, 2003, *Éléments d'écologie : Écologie fondamentale*, 3e édition, DUNOD, Université Paris-Sud.

LECOMTE Paul, *Les sites pollués: Traitement des sols et des eaux souterraines*, 2ᵉ édition.

Institut National des Sciences Agronomiques du Viet Nam Programme Fleuve rouge, 2000, *Expérimentation du biogaz dans le Delta du Fleuve rouge*, Format PDF. Disponible sur Internet : <http://www.gret.org.vn>

PRÉVOT Henri, 2000, *La récupération de l'énergie issue du traitement des déchets*, Ministère de l'Economie, des finances et de l'industrie.

GRAY S. John, MCLNTYRE D. Alasdaire et ŠTIRN Joze, 2002, *Manuel des méthodes de recherche sur l'environnement aquatique*, FAO Document technique sur les pêches 324, Programme des Nations Unies pour l'environnement.

Programme d'Action Européen pour l'Environnement 2001-2010: Notre Avenir - Notre Choix, GUIDE : *Procédés extensifs d'épuration des eaux usées*, Commission Européenne.

FREDERIC Sylvain, 2002, *Méthanisation – Biogaz – Digesteur - Traitement biomasse*, Format HTML.
Disponible sur Internet : <http://www.methanisation.info >

DÉGRE Aurore, VERHÈVE Didier et DEBOUCHE Charles, 2001, *Émissions gazeuses en élevage porcin et modes de réduction: revue bibliographique*, Université de Mons-Hainaut.

MARCELIN-RICE L., PEDINI M. et PADLAN P.G, 2000, *Construction et Gestion d'étangs côtiers*, le Programme des Nations Unies pour le Développement et le Gouvernement des Philippines.

ECOTOUR 2004 - *VIETNAM ETUDE DES PROGRAMMES DE LA REGION NORD - PAS DE - CALAIS* : projet de biomasse, Format PDF. Disponible sur Internet : <http://www.ecotour2004.org>

CHASLERIE Thibaut, 2001-2002, *Techniques de bioconversion : La biométhanisation*, IUT Génie thermique et énergie 2001-2002 Projet tuteuré de première année. Format HTML. Disponible sur Internet : http://biogaz.free.fr

PIGEON Sylvain, 1999, Rapport final: *Revue de l'efficacité des marais artificiels pour le traitement des engrais de ferme*, BPG Groupe-conseil.

MARTIN J. et VARONE F, 2003, *Conversion biochimique de la biomasse : Aspects technologiques et environnementaux*, Universite Catholique de Louvain.

KHATTABI Hicham, 2002, Thèse de doctorat : *Intérêts de l'étude des paramètres hydrogéologiques et hydrobiologiques pour la compréhension du fonctionnement de la station de traitement des lixiviats de la décharge d'ordures ménagères d'Etueffont (Belfort, France)*, L'Institut des Sciences de l'Environnement.

Format PDF. Disponible sur Internet : http://www.fineprint.com

SYLVESTRE Benoît, Rapport final: *Biogaz de fermes d'élevage et de bâtiments d'exploitation*, Environmental Technology & Management Hogeschool Brabant, Breda, Pay-Pas.

BOURSIER Hélène, BÉLINE Fabrice, GUIZIOU Fabrice, 2004, *Etude et modélisation des processus biologiques au cours du traitement du lisier de porcs en vue d'une optimisation et d'une fiabilisation du procédé*, Journées Recherche Porcine, N⁰ 36, P.83 - P.90.

Le groupe de travail «Transfert technologique» du plan agroenvironnemental de la production porcine, 2005, *Évaluation des technologies de gestion sur le traitement du lisier de porc*, Fédération de producteurs de porcs du Québec.

CAMIL Duti, GILLES Gagné, ROCK Chabot, 2003, *Traitement et valorisation des excédents de lisiers de porc : une occasion à saisir pour le Québec*, La Commission sur le développement durable de la production porcine au Québec du Bureau d'audiences publiques sur l'environnement.

VANAI Paino, 2002, *Valorisation des déchets organiques en agriculture*, Service territorial de l'environnement àWallis et Futuna.

PHAM Tat Thang, LA Van Kinh, 2003, *Technique de lombriculture au Sud Vietnam*, Institute for Agricultural Sciences.Ho Chi Minh City (Vietnam).

FRANCISCO X. Aguilar, 2002, *Production of Biogas and organic fertilizer from animal manure*, EARTH University, Costa Rica.

WILEY John & Sons, 1989, *Organic Waste Recycling Chapitre 4: Biogas*, Chongrak Polprasert.

BLANGIS David, 2001, Rapport de recherche: *Impact des traitements chimiques de l'eutrophisation sur l'accumlation du Cuivre et de l'Aluminium par des végétaux aquatiques d'eau douce*, Université de Poitiers et Nancy.

ANNEXE

La masse moyenne du fumier des deux bœufs en solide (M):

Date de mesure	1-1 2006	2-1 2006	3-1 2006	4-1 2006	5-1 2006	6-1 2006	Masse moyenne par jour (kilogramme/jour)
Masse de fumier des 2 bœufs	15,6	17	16,6	14	20,6	16,3	**M = 16,58 kg/j**

Le volume moyenne du lisier des deux bœufs en liquide (V):

Date de mesure	1-1 2006	2-1 2006	3-1 2006	4-1 2006	5-1 2006	6-1 2006	Volume moyenne par jour (litre/jour)
Volume du lisier des 2 bœufs	15,5	155	14,5	16,5	16	14,5	**V = 15,33 l/j**

$$\rightarrow \text{Le rapport (M/V) par jour} = \frac{16,58}{15,33} = 1,082 \text{ kg/l}$$

$\rightarrow$ **(M :V) par jour = 1,082 kg/l**

Les paramètres chimiques des déchets d'élevage familial:

DBO$_5$ (unité mg/l)

Résultats d'analyse DBO$_5$

Date d'analyse	1-12-2005	1-1-2006	1-2-2006
Effluent d'entrée (E1)	1250	1460	1356
Effluent de sortie (E2)	700	860	781

Statistique des résultats: (en logiciel SPSS 13.0)

Comparer les moyennes : Test T pour échantillons appariés

Statistiques pour échantillons appariés

		Moyenne	N	Ecart-type	Erreur standard moyenne
Paire 1	E1	1355.3333	3	105.00159	60.62269
	E2	780.3333	3	80.00208	46.18922

Corrélations pour échantillons appariés

		N	Corrélation	Sig.
Paire 1	E1 & E2	3	1.000	0.001

Test échantillons appariés

		Différences appariées						t	ddl	Sig. (bilatérale) α
		Moyenne	Ecart-type	Erreur standard moyenne	Intervalle de confiance 95% de la différence					
					Inférieure	Supérieure				
Paire 1	E1 – E2	575.00000	25.00000	14.43376	512.89656	637.10344		39.837	2	0.001

Exposition des résultats:

- Hypothèse: il y a une différence de DBO$_5$ entre Effluent d'entrée (E1) et Effluent de sortie (E2)

- α = 0,001 < 5% : Acceptation de cette hypothèse

- Charge en DBO$_5$: C = 1355,33 mg/l

- Charge traitée en DBO$_5$: T = 575 mg/l

- Efficacité du traitement en DBO$_5$: **H** = (T/C).100% = **42,43%**

Comparer les moyennes : ANOVA à 1 facteur

ANOVA

DBO$_5$	Somme des carrés	ddl	Moyenne des carrés	F	Signification ρ
Inter-groupes	34226.333	2	17113.167	0.103	**0.905**
Intra-groupes	496562.500	3	165520.833		
Total	530788.833	5			

- Niveau de signification: ρ = 0.905 > 0,05

→ La teneur de DBO$_5$ dans 2 effluents (Inter-groupes), qui a été vérifiée sur une durée de 3 mois, n'a eu pas une différence significative du temps.

DCO (unité mg/l)

Résultats d'analyse DCO

Date d'analyse	1-12-2005	1-1-2006	1-2-2006
Effluent d'entrée (E1)	1470	1680	1390
Effluent de sortie (E2)	820	904	742

Statistique des résultats: (en logiciel SPSS 13.0)

Comparer les moyennes : Test T pour échantillons appariés

Statistiques pour échantillons appariés

		Moyenne	N	Ecart-type	Erreur standard moyenne
Paire 1	E1	**1513.3333**	3	149.77761	86.47415
	E2	822.0000	3	81.01852	46.77606

Corrélations pour échantillons appariés

		N	Corrélation	Sig.
Paire 1	E1 & E2	3	0.973	0.148

Test échantillons appariés

		Différences appariées					t	ddl	Sig. (bilatérale) α
		Moyenne	Ecart-type	Erreur standard moyenne	Intervalle de confiance 95% de la différence				
					Inférieure	Supérieure			
Paire 1	E1 - E2	**691.33333**	73.33030	42.33727	509.17076	873.49590	16.329	2	**0.004**

49

Exposition des résultats:

- Hypothèse: il y a une différence de DCO entre Effluent d'entrée (E1) et Effluent de sortie (E2)

- $\alpha = 0,004 < 5\%$: Acceptation de cette hypothèse

- Charge en DCO: C = 1513,33 mg/l

- Charge traitée en DCO: T = 691,33 mg/l

- Efficacité du traitement en DCO: **H** = (T/C).100% = **45,68%**

Comparer les moyennes : ANOVA à 1 facteur

ANOVA

DCO	Somme des carrés	ddl	Moyenne des carrés	F	Signification ρ
Inter-groupes	52617.333	2	26308.667	0.109	**0.900**
Intra-groupes	722290.000	3	240763.333		
Total	774907.333	5			

- Niveau de signification: $\rho = 0.900 > 0,05$

→ La teneur de DCO dans 2 effluents (Inter-groupes), qui a été vérifiée sur une durée de 3 mois, n'a eu pas une différence significative du temps.

N-NH$_4^+$ (unité mg/l)

Résultats d'analyse N-NH$_4^+$

Date d'analyse	1-12-2005	1-1-2006	1-2-2006
Effluent d'entrée (E1)	249,41	246,76	258,53
Effluent de sortie (E2)	151,77	154,43	162,82

Statistique des résultats: (en logiciel SPSS 13.0)

Comparer les moyennes : Test T pour échantillons appariés

Statistiques pour échantillons appariés

		Moyenne	N	Ecart-type	Erreur standard moyenne
Paire 1	E1	**251.5667**	3	6.17427	3.56472
	E2	156.3400	3	5.76730	3.32975

Corrélations pour échantillons appariés

		N	Corrélation	Sig.
Paire 1	E1 & E2	3	0.901	0.286

Test échantillons appariés

		Différences appariées						Sig. (bilatérale) α
		Moyenne	Ecart-type	Erreur standard moyenne	Intervalle de confiance 95% de la différence		t	ddl
					Inférieure	Supérieure		
Paire 1	E1 - E2	**95.22667**	2.68779	1.55180	88.54982	101.90352	61.365	2	**0.000**

Exposition des résultats:

- Hypothèse: il y a une différence de $N-NH_4^+$ entre Effluent d'entrée (E1) et Effluent de sortie (E2)

- α = 0,000 < 5% : Acceptation de cette hypothèse

- Charge en $N-NH_4^+$: C = 251,5667 mg/l

- Charge traitée en $N-NH_4^+$: T = 95,23 mg/l

- Efficacité du traitement en $N-NH_4^+$: **H = (T/C).100% = 37,85%**

Comparer les moyennes : ANOVA à 1 facteur

ANOVA

$N-NH_4^+$	Somme des carrés	ddl	Moyenne des carrés	F	Signification ρ
Inter-groupes	135.542	2	67.771	0.015	**0.985**
Intra-groupes	13609.401	3	4536.467		
Total	13744.944	5			

- Niveau de signification: ρ = 0.985 > 0,05

→ La teneur de $N-NH_4^+$ dans 2 effluents (Inter-groupes), qui a été vérifiée sur une durée de 3 mois, n'a eu pas une différence significative du temps.

N-NTK (azote total Kjeldahl - unité mg/l)

Résultats d'analyse N-NTK

Date d'analyse	1-12-2005	1-1-2006	1-2-2006
Effluent d'entrée (E1)	379,80	356,42	405,62
Effluent de sortie (E2)	240,90	205,62	244,82

Statistique des résultats: (en logiciel SPSS 13.0)

Comparer les moyennes : Test T pour échantillons appariés

Statistiques pour échantillons appariés

		Moyenne	N	Ecart-type	Erreur standard moyenne
Paire 1	E1	**380.6133**	3	24.61008	14.20864
	E2	230.4467	3	21.58968	12.46481

Corrélations pour échantillons appariés

		N	Corrélation	Sig.
Paire 1	E1 & E2	3	0.895	0.294

Test échantillons appariés

		Différences appariées						t	ddl	Sig. (bilatérale) α
		Moyenne	Ecart-type	Erreur standard moyenne	Intervalle de confiance 95% de la différence					
					Inférieure	Supérieure				
Paire 1	E1 - E2	**150.16667**	10.96373	6.32991	122.93126	177.40208	23.723	2	**0.002**

Exposition des résultats:

- Hypothèse: il y a une différence de N-NTK entre Effluent d'entrée (E1) et Effluent de sortie (E2)

- $\alpha = 0,002 < 5\%$: Acceptation de cette hypothèse

- Charge en N-NTK: C = 380,61 mg/l

- Charge traitée en N-NTK: T = 150,17 mg/l

- Efficacité du traitement en N-NTK: **H** = (T/C).100% = **39,45%**

Comparer les moyennes : ANOVA à 1 facteur

ANOVA

N-NTK	Somme des carrés	ddl	Moyenne des carrés	F	Signification ρ
Inter-groupes	2023.337	2	1011.669	0.089	**0.917**
Intra-groupes	33945.245	3	11315.082		
Total	35968.582	5			

- Niveau de signification: $ρ = 0.917 > 0.05$

→ La teneur de N-NTK dans 2 effluents (Inter-groupes), qui a été vérifiée sur une durée de 3 mois, n'a eu pas une différence significative du temps.

P total (unité mg/l)

Résultats d'analyse P total

Date d'analyse	1-12-2005	1-1-2006	1-2-2006
Effluent d'entrée (E1)	315,96	299,80	308,63
Effluent de sortie (E2)	164,79	117,19	126,47

Statistique des résultats: (en logiciel SPSS 13.0)

Comparer les moyennes : Test T pour échantillons appariés

Statistiques pour échantillons appariés

		Moyenne	N	Ecart-type	Erreur standard moyenne
Paire 1	E1	**308.1300**	3	8.09159	4.67168
	E2	136.1500	3	25.23325	14.56842

Corrélations pour échantillons appariés

		N	Corrélation	Sig.
Paire 1	E1 & E2	3	0.924	0.250

Test échantillons appariés

		Différences appariées			Intervalle de confiance 95% de la différence		t	ddl	Sig. (bilatérale) α
		Moyenne	Ecart-type	Erreur standard moyenne	Inférieure	Supérieure			
Paire 1	E1 - E2	**171.98000**	18.02339	10.40581	127.20741	216.75259	16.527	2	**0.004**

53

Exposition des résultats:

- Hypothèse: il y a une différence de P total entre Effluent d'entrée (E1) et Effluent de sortie (E2)

- $\alpha = 0,004 < 5\%$: Acceptation de cette hypothèse
- Charge en P total: $C = 308,13$ mg/l
- Charge traitée en P total: $T = 171,98$ mg/l
- Efficacité du traitement en P total: $\mathbf{H} = (T/C).100\% = \mathbf{55,81\%}$

Comparer les moyennes : ANOVA à 1 facteur

ANOVA

P total	Somme des carrés	ddl	Moyenne des carrés	F	Signification ρ
Inter-groupes	1079.539	2	539.769	0.036	**0.965**
Intra-groupes	44690.523	3	14896.841		
Total	45770.062	5			

- Niveau de signification: $\rho = 0.965 > 0,05$

→ La teneur de P total dans 2 effluents (Inter-groupes), qui a été vérifiée sur une durée de 3 mois, n'a eu pas une différence significative du temps.

Fe-total (Fe^{2+}, Fe^{3+} - unité mg/l)

Résultats d'analyse Fe total

Date d'analyse	1-12-2005	1-1-2006	1-2-2006
Effluent d'entrée (E1)	19,90	22,87	17,85
Effluent de sortie (E2)	12,41	15,08	11,56

Statistique des résultats: (en logiciel SPSS 13.0)

Comparer les moyennes : Test T pour échantillons appariés

Statistiques pour échantillons appariés

		Moyenne	N	Ecart-type	Erreur standard moyenne
Paire 1	E1	**20.2067**	3	2.52401	1.45724
	E2	13.0167	3	1.83675	1.06045

Corrélations pour échantillons appariés

		N	Corrélation	Sig.
Paire 1	E1 & E2	3	0.983	0.118

Test échantillons appariés

Différences appariées

		Moyenne	Ecart-type	Erreur standard moyenne	Intervalle de confiance 95% de la différence		t	ddl	Sig. (bilatérale) α
					Inférieure	Supérieure			
Paire 1	E1 - E2	**7.19000**	0.79373	0.45826	5.21828	9.16172	15.690	2	**0.004**

Exposition des résultats:

- Hypothèse: il y a une différence de Fe total entre Effluent d'entrée (E1) et Effluent de sortie (E2)

- $\alpha = 0,004 < 5\%$: Acceptation de cette hypothèse

- Charge en Fe total: C = 20,2067 mg/l

- Charge traitée en Fe total: T = 7,19 mg/l

- Efficacité du traitement en Fe total: **H** = (T/C).100% = **35,58%**

Comparer les moyennes : ANOVA à 1 facteur

ANOVA

Fe total	Somme des carrés	ddl	Moyenne des carrés	F	Signification ρ
Inter-groupes	18.859	2	9.429	0.362	**0.723**
Intra-groupes	78.174	3	26.058		
Total	97.033	5			

- Niveau de signification: $\rho = 0.723 > 0,05$

$\rightarrow$ La teneur de Fe total dans 2 effluents (Inter-groupes), qui a été vérifiée sur une durée de 3 mois, n'a eu pas une différence significative du temps.

S^{2-} (unité mg/l)

Résultats d'analyse S^{2-}

Date d'analyse	**1-12-2005**	**1-1-2006**	**1-2-2006**
Effluent d'entrée (E1)	4,31	1,11	2,81
Effluent de sortie (E2)	0,23	0,79	0,85

Statistique des résultats: (en logiciel SPSS 13.0)

Comparer les moyennes : Test T pour échantillons appariés

Statistiques pour échantillons appariés

		Moyenne	N	Ecart-type	Erreur standard moyenne
Paire 1	E1	2.7433	3	1.60104	0.92436
	E2	**0.6233**	3	0.34196	0.19743

Corrélations pour échantillons appariés

		N	Corrélation	Sig.
Paire 1	E1 & E2	3	-0.798	0.412

Test échantillons appariés

	Différences appariées					t	ddl	Sig. (bilatérale) α
	Moyenne	Ecart-type	Erreur standard moyenne	Intervalle de confiance 95% de la différence				
				Inférieure	Supérieure			
Paire 1 E1 - E2	**2.12000**	1.88510	1.08836	-2.56285	6.80285	1.948	2	**0.191**

Exposition des résultats:

- Hypothèse: il y a une différence de S^{2-} entre Effluent d'entrée (E1) et Effluent de sortie (E2)

- $\alpha = 0,191 > 5\% \rightarrow$ *non-significative*: Réfutation de cette hypothèse

- Non-éfficacité du traitement (**H = 0%**)

- Charge en S^{2-}: = 0,6233 mg/l

Comparer les moyennes : ANOVA à 1 facteur

ANOVA

S^{2-}	Somme des carrés	ddl	Moyenne des carrés	F	Signification ρ
Inter-groupes	1.807	2	0.903	0.263	**0.785**
Intra-groupes	10.295	3	3.432		
Total	12.102	5			

- Niveau de signification: $\rho = 0.785 > 0,05$

$\rightarrow$ La teneur de S^{2-} dans 2 effluents (Inter-groupes), qui a été vérifiée sur une durée de 3 mois, n'a eu pas une différence significative du temps.

Coliformes totaux (MPN/100ml)

Résultats d'analyse Coliformes totaux

Date d'analyse	1-12-2005	1-1-2006	1-2-2006
Effluent d'entrée (E1)	$9,1.10^5$	$4,8.10^5$	$5,6.10^5$
Effluent de sortie (E2)	11.10^5	$9,3.10^5$	$10,8.10^5$

Statistique des résultats: (en logiciel SPSS 13.0)

Comparer les moyennes : Test T pour échantillons appariés

Statistiques pour échantillons appariés

		Moyenne	N	Ecart-type	Erreur standard moyenne
Paire 1	E1	650000.0000	3	228691.93252	132035.34880
	E2	**1036666.6667**	3	92915.73243	53644.92313

Corrélations pour échantillons appariés

		N	Corrélation	Sig.
Paire 1	E1 & E2	3	0.722	0.486

Test échantillons appariés

		Différences appariées					t	ddl	Sig. (bilatérale) α
		Moyenne	Ecart-type	Erreur standard moyenne	Intervalle de confiance 95% de la différence				
					Inférieure	Supérieure			
Paire 1	E1 - E2	**-386666.66667**	173877.35141	100388.13564	-818601.95252	45268.61919	-3.852	2	**0.061**

Exposition des résultats:

- Hypothèse: il y a une différence des Coliformes totaux entre Effluent d'entrée (E1) et Effluent de sortie (E2)

- α = 0,061 >5%→*non-significative*: Réfutation de cette hypothèse

- Non-éfficacité du traitement (**H = 0%**)

Comparer les moyennes : ANOVA à 1 facteur

ANOVA

Coliformes totaux	Somme des carrés	ddl	Moyenne des carrés	F	Signification ρ
Inter-groupes	91633333333.334	2	45816666666.667	0.540	**0.630**
Intra-groupes	254500000000.000	3	84833333333.334		
Total	346133333333.334	5			

- Niveau de signification: $\rho = 0.630 > 0,05$

$\rightarrow$ La teneur des Coliformes totaux dans 2 effluents (Inter-groupes), qui a été vérifiée sur une durée de 3 mois, n'a eu pas une différence significative du temps.

La standard du VietNam (TCVN 5942:1995)

Limite des classses
de qualité de l'eau superficielle d'après la standard du Vietnam de 1995

N^0	Paramètres	Unité	Limite	
			A	B
1	pH	-	$6 - 8,5$	$5,5 - 9$
2	DBO_5 (20^0C)	mg/l	< 4	< 25
3	DCO	mg/l	< 10	< 35
4	Oxygène dissous	mg/l	≥ 6	≥ 2
5	$N-NH_4^+$	mg/l	0,05	1
6	NO_3^-	mg/l	10	15
7	NO_2^+	mg/l	0,01	0,05
8	Fe total	mg/l	1	2
9	P total	mg/l	4	6
10	Coliformes totaux	MPN/100ml	5000	10.000
11	S^{2-}	mg/l	0,01	0,02
12	As	mg/l	0,05	0,1
13	Pb	mg/l	0,05	0,1
14	Cu	mg/l	0,1	1
15	Zn	mg/l	1	2
16	Mn	mg/l	0,1	0,8
17	Ni	mg/l	0,1	1
18	Hg	mg/l	0,001	0,002
19	F^-	mg/l	1	1,5
20	CN^-	mg/l	0,01	0,05

Colonne A : Eau usée épurée

Colonne B : Eau à usage agricole

Matériaux requis pour installer d'un sac biogaz en plastique

- 28 mètres de tube en plastique de polyéthylène normal et 1,5 ou 2 mètres de largeur.
- 2 pipes de ciment ou d'argile, 1 mètre de longueur, 12 pouces de largeur.
- 2,5 mètres de tuyau en plastique transparent de 1¼ s'avance petit à petit de diamètre
- 1 vis de PVC (1 pouce de diamètre)
- 1 adapter de chapeau de PVC (1 pouce de diamètre)
- 2 - coudes de PVC 90° (1 pouce de diamètre)
- 1 mètre de la pipe de PVC de pression (1 pouce de diamètre)
- 1 chapeau plat de PVC (1 pouce de diamètre)
- 1 tube de colle de PVC
- 2 disques en plastique ronds (20-15 centimètres de diamètre avec un trou central de 1 pouce)
- 1 bouteille en plastique transparente - 1 gallon de capacité
- 3 tubes utilisés de pneus (ceintures en caoutchouc)
- 8 sacs en plastique utilisés à engrais
- 1 galvanisé la pipe métallique, 1½ pouce de diamètre 50 centimètres de longueur
- 1 laine en acier (fer spongieux)
- 1 tuyau en plastique pour prendre l'échappement de la voiture à l'endroit où le sac de Biogaz sera installé.

Les étapes d'installation d'un sac de biogaz

Étape A. Creusement d'un trou où le sac de biogaz sera placé

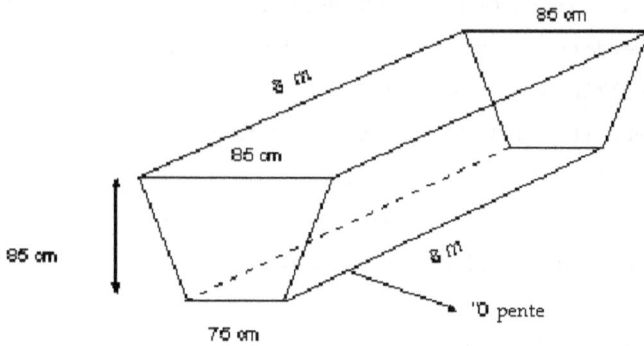

Le volume de sac qui contient des lisiers: $V_{sac} = 8.[0,85.(0,85+0,75)0,5]$

$$V_{sac} = 2,72 \ m^3$$

Étape B. Préparation du sac en plastique

Préparer
le sac en
plastique
pour l'usine
de biogaz

Étape C. Réglage de la valve de conduit de biogaz

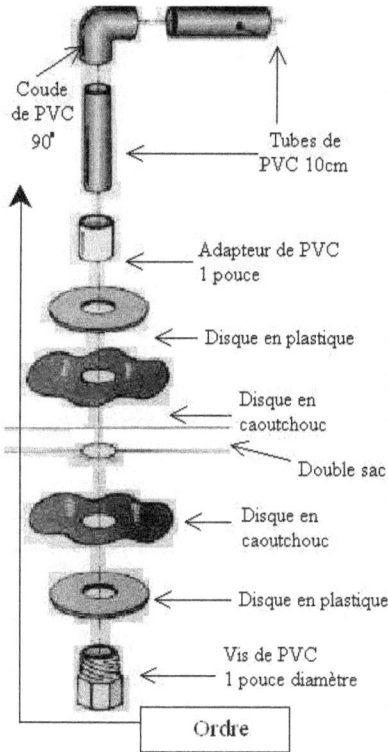

Coude de PVC 90°

Tubes de PVC 10cm

Adapteur de PVC 1 pouce

Disque en plastique

Disque en caoutchouc

Double sac

Disque en caoutchouc

Disque en plastique

Vis de PVC 1 pouce diamètre

Ordre

Étape D. Réglage de la valve de sécurité

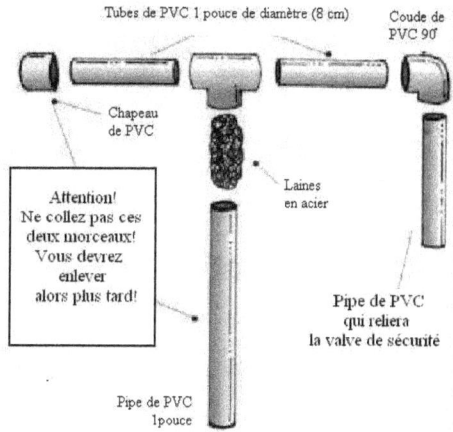

Tubes de PVC 1 pouce de diamètre (8 cm)

Coude de PVC 90°

Chapeau de PVC

Attention! Ne collez pas ces deux morceaux! Vous devrez enlever alors plus tard!

Laines en acier

Pipe de PVC qui reliera la valve de sécurité

Pipe de PVC 1pouce

Étape E. Remplissage de biogaz avec de l'eau l'échappement

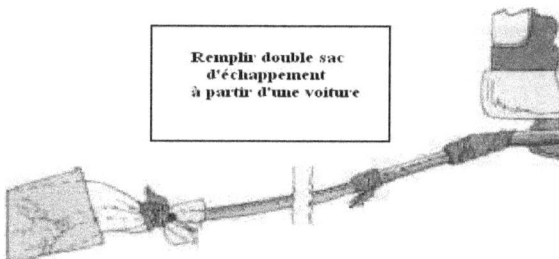

Remplir double sac d'échappement à partir d'une voiture

Étape F. Manœuvre d'un sac de biogaz

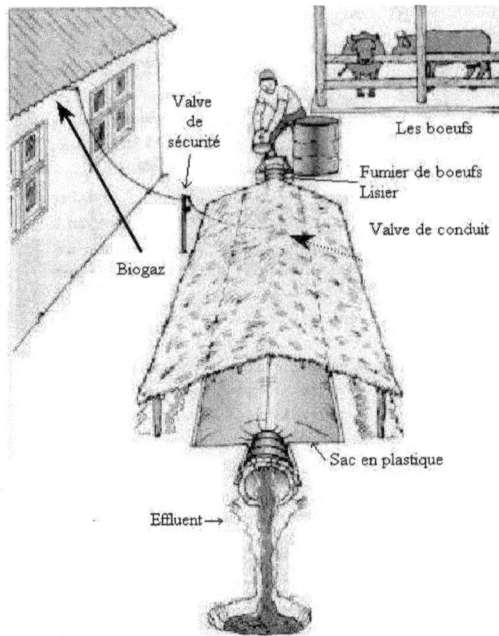

Valve de sécurité

Les boeufs

Fumier de boeufs
Lisier

Valve de conduit

Biogaz

Sac en plastique

Effluent →

Étape G. Gestion de l'usine de biogaz

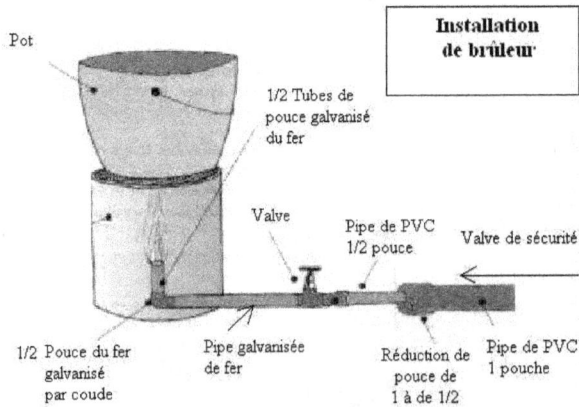

Pot

Installation de brûleur

1/2 Tubes de pouce galvanisé du fer

Valve

Pipe de PVC 1/2 pouce

Valve de sécurité

1/2 Pouce du fer galvanisé par coude

Pipe galvanisée de fer

Réduction de pouce de 1 à de 1/2

Pipe de PVC 1 pouche

L'usine de Biogaz doit être alimentée chaque jour

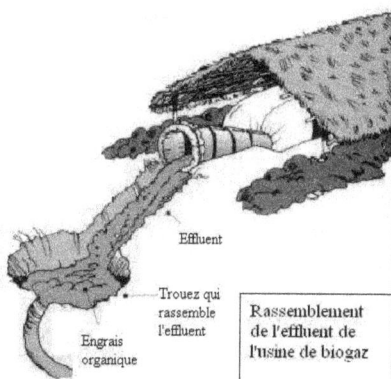

Effluent

Trouez qui rassemble l'effluent

Engrais organique

Rassemblement de l'effluent de l'usine de biogaz

La carte géologique de SaDec – année 2006
(delta du Mékong - Vietnam)

REMERCIEMENTS

---oOo---

Après plus de temps de réalisation, je viens d'achever mon ouvrage. Les résultats précieux que j'obtiens sont des connaissances des enseignements au Département de l'Environnement et Gestion des Ressources Naturelles de l'Université de Cân Tho et des connaissances scientifiques que l'Agence Universitaire de la Francophonie (AUF) a formées pendant cinq ans en français.

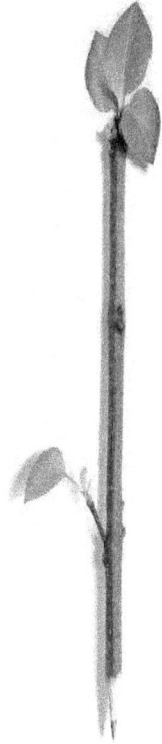

Mes premiers remerciements sont adressés à tous mes collègues d'enseignants de la faculté de Biotecnologique et Centre de recherche et dévelopement de l'université OPEN HCMC.

Je souhaite remercier tout particulièrement professeurs de l'université de Cân Tho à leurs aides pendant la réalisation du livre. Vous m'avez offert beaucoup d'expériences précieuses pour que je puisse bien travailler dans l'avenir.

Et je suis reconnaissant envers l'PAF (Presses Académique de la Francophone) qui m'a offert les meilleures conditions pour pouvoir publier ce livre.

Je voudrais remercie la société CC Vietnam qui m'ont aidé dans la réalisation de cet ouvrage. Et je voudrais remercie mes parents et mon fère. Leurs sincères commentaires sont très nécessaires pour que je puisse surmonter des obstacles surgis.

Enfin, je voudrais remercie à ma femme, Nguyễn Thị Vân Anh, pour tout les moments de l'amour, du bonheur et du temps difficile que nous avons passé ensemble dans la vie.

Vũ Thụy Quang

TABLE DE MATIÈRES

Pages

Introduction 1

Chapitre : Étude bibliographique 3

Caractéristiques des effluents d'élevage 3

Principaux polluants émis par l'élevages...6

Valorisation du lisier 11

Chapitre : Contenu et Méthode d'étude 23

Objet d'étude 23

Contenu et Méthode d'étude 24

Chapitre : Résultats et Discussion...27

Application de la technique de Biogaz..27

Les paramètres biochimique d'analyse 30

Chapitre : Conclusion et Perspective 41

Références bibliographiques..44

Annexe...47

Remerciements...65

Table de matières..66

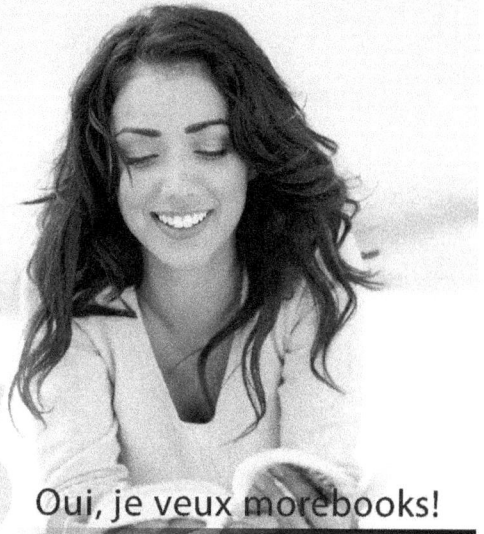

www.ingramcontent.com/pod-product-compliance
Lightning Source LLC
Chambersburg PA
CBHW020315220326
41598CB00017BA/1569